室内设计标书制作

刘 波 著

中国建材工业出版社

图书在版编目（CIP）数据

室内设计标书制作／刘波著 . —北京：中国建材工业
出版社，2013.11
ISBN 978-7-5160-0588-0

Ⅰ.①室… Ⅱ.①刘… Ⅲ.①室内装饰设计—招标—
文件—编制 Ⅳ.①TU238

中国版本图书馆 CIP 数据核字（2013）第 220264 号

内 容 提 要

传统的室内设计专业书籍中一般很少涉及标书制作，然而考虑到现今市场的需要，标书制作实为室内设计中非常值得重视的一个问题。全书以室内设计标书制作的流程为中心，分成十个部分，详细讲述了室内设计标书的简介、资质保证分析、项目背景分析、创意流程、方案图制作、装饰材料详解、施工流程详解、工程预算编制、合同文本撰写、标书案例赏析。希望藉此使读者初步掌握室内设计的标书制作能力。

本书的读者对象主要是从事室内设计行业的设计师、项目经理、施工人员、室内工程概预算制作员、各大专学校的工民建专业、环艺设计专业的本专科生。

室内设计标书制作

刘 波 著

出版发行：中国建材工业出版社
地　　址：北京市西城区车公庄大街6号
邮　　编：100044
经　　销：全国各地新华书店
印　　刷：北京鑫正大印刷有限公司
开　　本：889mm×1194mm　1/16
印　　张：11.5
字　　数：286千字
版　　次：2013年11月第1版
印　　次：2013年11月第1次
定　　价：49.00元

前　言

　　传统的室内设计专业书籍中一般很少涉及标书制作，然而考虑到现今市场的需要，标书制作实为室内设计中非常值得重视的一个问题。本书主要面向从事或准备从事室内设计行业的设计师、施工人员、室内工程预算制作人员，以及各高校的工民建专业、环艺设计专业的本专科生。这种读者定位决定了本书是一本专业技术著作，尤重实用性。

　　全书以室内设计标书制作的流程为中心，分成十个部分。详细讲述了室内设计标书的简介、资质保证分析、项目背景分析、创意流程、方案图制作、装饰材料详解、施工流程详解、工程概预算制作、合同文本撰写、标书案例赏析。希望藉此使读者逐步掌握室内设计标书的制作能力。

　　本书的写作特点是在各个章节中，将投标承诺书、项目进场条件书、客户沟通意向书、立项协议书、装饰合同书、工程预算表、乙方提供主要材料明细表、工程项目变更单、工程保修单等依次贯穿其中，方便读者在工作中随时翻阅、借鉴。

　　书中第六章装饰材料详解部分，详尽介绍了当前流行的各类室内建材，并将其性能、报价、选购方法等完整地描述出来，方便读者进行预算报价。第八章工程预算编制，详尽介绍了室内装饰工程量清单的计价规范，并引入一个项目实例，帮助读者尽快掌握装饰预算的制作方法。

　　由于各地区室内装饰设计行业规范存在一定的差异，所以书中撰写的内容难免有所疏忽，敬请专家与同行批评指正，笔者定当积极改进。

刘波

2013. 10.

中国建材工业出版社
China Building Materials Press

我们提供 ▎▎▎

图书出版、图书广告宣传、企业/个人定向出版、设计业务、企业内刊等外包、代选代购图书、团体用书、会议、培训，其他深度合作等优质高效服务。

编 辑 部	图书广告	出版咨询	图书销售	设计业务
010-88386119	010-68361706	010-68343948	010-68001605	010-88376510转1008

邮箱：jccbs-zbs@163.com　　　　网址：www.jccbs.com.cn

发展出版传媒　服务经济建设

传播科技进步　满足社会需求

目　　录

第一章　室内设计标书的简介

1.1　室内设计的招标与投标

1.1.1　标书定义

在介绍室内设计标书之前，首先了解一下标书的定义。标书，既投标书、标函，它指投标单位按照招标文件提出的条件和要求制作的法律文书。标书是整个招标、投标过程中的核心文件，招标单位组织的议标、评标、定标等重要招标环节的开展，均是依据标书进行的，中标作为招标、投标活动的终结环节，也是以标书为凭据的。另外，投标单位的演讲词、答辩词也是以投标为基础写作的。由此可见，标书的重要性是不言而喻的，这就要求标书制作必须符合法律规定，写明拟标工程的基本情况、设计方案、工程标价、质量要求、施工措施等内容，便于招标组织评标、定标。

1.1.2　室内设计标书定义

室内设计标书是标书的一种，它指的是专门为室内装饰项目制作的设计标书。在观察室内装饰项目时，设计方为施工单位制作的设计方案、项目保证文本、设计说明文本、施工材料配置表、工程造价估算等这些内容全部加在一起构成一个完整而系统的室内设计标书。

人们在观看室内设计标书时会发现甲方和乙方这两个词组。

1. 甲方

甲方是室内设计项目的所有方，也就是拥有整个项目开发、施工、经营等权利的客户单位。甲方在开发项目前，往往会把整个项目的设计、施工等采取招标的方式向社会征集，以吸引各专业设计机构来竞标，然后组织室内设计专家进行审核评标，从中选取最合适、最满意的室内设计标书，作为施工依据。

2. 乙方

乙方是为室内设计项目而开展设计的设计机构或设计师。设计机构必须要具备一定的室内设计资质。设计师必须要具备室内设计从业资格以及室内设计行业类职称。设计机构或设计师制作的室内设计标书就是为甲方项目进行整体规划设计的投标书，也称为竞标书。如果整个标书的内容被甲方采用，就能签定设计合同，那么，整个室内设计项目就会按照乙方的设计方案进行设计、施工，与此同时，甲方要按合同中的规定向乙方支付设计费用。

1.1.3　室内设计招标与投标的程序

第一：首先甲方需制订一份《室内装饰装修招标书》，并拿出工程总价的2%为招投标组织费（聘请专家或顾问费，招标文本费）。

第二：各室内设计公司接到甲方邀请后，可进行现场测量。

第三：在甲方确认现场测量完毕后，向各设计公司发出招标邀请。

第四：室内设计标书在现场测量后一周左右完成（包括效果图、尺寸图、制作图、预算费用等）。

第五：开标时间可定在现场测量后第十天，甲方亲自开标选出符合要求的室内设计标书。

第六：甲方也可聘请专家、顾问给各本标书进行精确计算、控制成本、节能环保的评议。

第七：开标时一般最低报价和最高报价的设计标书为自动废标，甲方可在其他标书中任选一家室内设计公司施工。

第八：甲方与中标乙方签订一个公正公平的装修合同，并在日后的工程中严格按照此合同进行。

1.2 室内设计标书的简介

1.2.1 室内设计标书简介

室内设计标书是标书的一种，它指的是专门为室内装饰项目制作的设计标书。室内设计标书包含了两大部分：

1. 方案图集部分

方案图集就是把室内设计项目中的必备图样、图例全部综合在一个图集里。它包含了封面、封底、目录、原始测量图、敲墙定位图、砌墙定位图、平面布置图、面积测量图、地面铺装图、顶面布置图、开关布置图、插座布置图、各种造型大样图、各种家具大样图等。

2. 说明文本部分

说明文本就是把室内设计项目中的各类文本、文件全部综合在一个文本集里。它包含了投标承诺书、项目资质保证、项目背景分析、设计说明、施工材料配置表、室内装饰小件表、工程预算编制表、施工流程表、合同文本等。

把以上两大部分综合在一起，才能构成一整套完整的室内设计标书。

1.2.2 室内设计标书的形式

目前，在室内设计市场上，室内设计单位为了争取在某一项目上能够中标，在制作室内设计标书时，主要采用以下几个表现形式。

1. 文本集标书

文本集标书就是把各种设计图纸、说明文件全部制作在一套幅面大小统一的文本上，形成正本与副本两套图册，便于人们翻阅、查看。这种制作表达方式能够反映出整套室内设计标书的每个细节，让客户看到标书制作的细致、全面、周到。（图1-1～图1-5）

图1-1　正本标书-1

图1-2　正本标书-2

图1-3　正本标书-3

图1-4　副本标书-1

图1-5　副本标书-2

图1-6　展板标书-1

图1-7　展板标书-2

图1-8　展板标书-3

2. 展板标书

展板标书就是把所有设计内容都分别排列在版面大小一致的展板上，招投标时以展板的形式展示给客户。这种制作方式能够吸引人们的目光，在有限的空间中，通过展板表达自身的设计理念，营造某种设计氛围。（图1-6～图1-8）

3. 电子版标书

电子版标书就是运用计算机软件把所有的标书内容整理成为电子文件，通过光盘刻录或电子邮件发

送给客户，远程展示标书。（图1-9、图1-10）

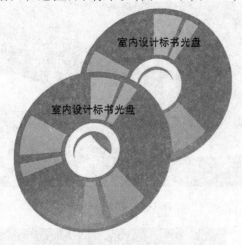

图1-9　光盘标书-1

图1-10　光盘标书-2

4. 模型标书

　　一般在商业项目竞标过程中，往往还会配有整体投标方案的室内模型，这种设计模型把实际的设计项目按一定比例缩小，展示在一定的空间中，能够给人以直观真实的感受。（图1-11 ~ 图1-13）

图1-11　标书展示模型-1

图1-12　标书展示模型-2

图1-13　标书展示模型-3

5. 动画标书

　　现在还出现了另一种新型手法，就是把整个室内设计方案用计算机软件制作成虚拟漫游动画，通过电子屏幕来展示，这种加入动画和音效的方式比电子版设计标书更加立体和生动。（图1-14、图1-15）

图1-14　标书动画展示-1

图1-15　标书动画展示-2

　　在室内装饰中，还应该包含一些相关专业的设计补充。作为一整套标书设计，往往会需要多个相关专业的相互协调，同时也要遵循国家的相关政策、法规。如：建筑行业的规范、规定，室内装饰行业的规范、规定，水电行业的设计施工原则等。当遇到实际项目时，具体情况具体分析。客户对项目的要求也是非常重要的，也是应该考虑的因素之一，而且还要考虑项目完成后的维护、维修、服务等问题。这些都是在制作室内设计标书时要注意的问题。

1.3 室内设计招投标的要点简介

1.3.1 保证设计时间

在装饰装修工程招标过程中，对于含方案设计的招标，在时间考虑上要给设计者以足够的时间。方案设计是在对原建筑充分熟识和对功能使用上全面了解，以及对采购人意图充分理解的基础上进行艺术创作的过程。它需要充足的时间来保证，没有一定的创意、构思以至方案成型的保证时间，很难设计出好的方案，没有好方案整个装饰产品就已存在了先天不足。因此采购招标代理机构（采购人）应当预留适当长的投标时间，保证设计水平和达到应有的设计深度。

1.3.2 严格投标人资审

为了选择真正有实力的装饰装修企业，就要根据项目规模、建筑物的质量等级以及施工技术要求，限定资质等级标准。在达到工程要求资质的企业中，还要再进一步考察投标单位近三年内设计和施工的工程项目及质量监督部门验收证明报告、用户的使用情况；目前正在履行的合同情况；企业的财务情况、职员构成、主要机械设备情况等。经过招标代理机构、采购人对装饰装修企业各项指标的专项考核和论证情况，确定招标入围人数。

1.3.3 正确编制工程标底

由于装饰装修工程招标不同于一般的土建施工招标和一般方案设计征集，正确编制出建筑装饰装修工程的标底是招标的关键。它不仅要求编制标底的人员既要看懂任何复杂的建筑装饰装修施工图纸，掌握建筑装饰装修工程的各种施工工艺和施工方法，又要熟悉建筑装饰装修材料的用途及特点。而建筑装饰装修行业在我国的发展时间并不长，很多招标或招标机构仍缺乏这方面的专业人才，只有不断提高工作人员的素质，才能把建筑装饰装修工程的标底编制得更具有准确性和可行性。

1.3.4 统一投标报价口径

工程造价是考核建设投资成效好坏的一项重要条件，因此投标报价是标的评定的核心之一。

在目前装饰装修招标实践中，报标报价口径通常有两种，一种是根据现行的工程预算定额和装饰施工工程量清单，其人工、材料、机械价格，均采用定额预算价计算出工程基本直接费后，然后按工程类别确定收费等级，按取费程序进行取费，最终确定报价。

另一种做法是根据招标文件要求及现行工程预算定额中的工程量计算标准，计算出工程量，列出清单，在此基础上，各投标单位根据自身企业实力，经验及现有的市场材料，人工、机械台班等价格，直接计算工程基本直接费，并考虑到企业管理费，利润、税金、保险费以及风险等取定一个综合费，最终确定出综合报价。但由于现行定额相对滞后，装饰材料市场异常活跃，新材料层出不穷，新技术的推广迅速，同时人工费用存在较大差异，笔者以为应采用最后一种报价方式，更切合市场现状的需要。

1.3.5 科学制定评标方法

评定标办法应根据工程的规模特点，在招标条件相对成熟，资料齐全时，宜采用量化打分的方法进行评定，主要从方案设计、施工、造价等几方面进行评定，以百分值量化各项指标，考虑整体方案在装饰装修工程中的重要作用，应占40～50分，评标委员会也分成方案评审组，技术造价评审组和综合组，宜先评方案后评技术、造价，最后由综合组汇总总得分，确定中标结果。

方案评审组成员必须全部由各方面的专家组成，其中装饰和建筑专家要占相当比例，同时要吸收功能使用方面的专家，如消防专家。方案评审与技术造价评审互不干扰，分离评审，以便评选出最佳的方案。

在技术造价评审阶段，专家以有现场装饰施工经验的专家、工程造价方面的专家为主，主要评审以下几项指标：综合报价、施工方案、工程质量以及保证措施、社会信誉、社会综合实力等。最后由综合组（由业主或招标代理机构人员组成）对两部分的评价分值进行汇总得分确定中标单位，这样划分分值，既考核了投标人的设计能力，又考核了其施工能力，对投标人综合能力的评价更趋于合理，能够为业主选择出真正的有力和装饰工程承包人。

1.4　室内设计标书的发展前景

目前室内设计标书的制作还没有一个非常明确的标准，行业内部在制作室内设计标书时还不是十分规范。但大家在制作标书的过程中应该尽可能地考虑周全，把方方面面的问题都能考虑清楚，这样才能既符合国家及城市的室内装饰标准，同时也让客户方满意，并且能让今后的使用者感受到这个项目的舒适、实用、美观。

随着社会的发展，城市建设的加快，人们的居住环境不断地改善，室内设计市场的前景也非常看好，因此室内设计标书的需求量也会越来越大。作为一名室内装饰设计的从业者，应该加强学习制作室内设计标书。只有通过对标书的学习及实践制作，才能使自己尽快适应市场需求。

第二章 室内设计投标方——资质保证分析

2.1 提供标书承诺书

提供标书承诺书的重要性：投标者志在中标，在制作一份标书时，务必要把标书承诺书完整、清晰地介绍给招标单位，让对方能够清楚地了解设计方的优势和诚意。

制作一份规范的标书承诺书，首先需要设计方清楚地掌握招标文件和招标单位所指定的相关规定及要求。在拿到招标文件后，全面地了解项目背景、招标单位对项目所指定的相关规定、对投标方的投标要求等，结合实际对整体项目全面情况分析后，制作一份符合招标单位要求的标书承诺书。

其次，结合自身特色，充分展现在项目设计、项目施工过程中的优势。如：在规定的工期内完美地体现设计意图，实现最理想的室内装饰效果；同时既能确保项目工程质量达到优良又能降低项目成本；并免费承担施工范围内的工程设计和变更，免费开展后期维护等。

附投标承诺书如下：

投标承诺书

致：＿＿＿＿＿＿＿＿＿＿＿

关于贵方的招标文件，我们作为投标人参加＿＿＿室内装饰工程的投标，如我方中标，对＿＿＿室内装饰工程投标的设计、质量、完工期和服务作如下承诺：

1. 我们将严格按照招标文件及其相关国家标准的要求，对投标＿＿＿室内装饰工程的前期设计、材料选购、现场施工及管理、后期维护进行全过程的质量管理，保证实际＿＿＿室内装饰工程的质量与投标文件承诺的完全一致，保证完工后形成最理想的室内装饰效果。

2. 我们将严格按照合同规定，按质按量按时保证＿＿＿室内装饰工程施工现场的实际需要，确保按时完成＿＿＿室内装饰工程，并承诺如因我方自身原因造成施工现场停工待料或造成工期延误，我方将承担由此所造成的一切经济责任。

3. 我方已完成众多的业内知名项目、并拥有一大批优秀的设计师、项目管理者、施工员，为确保＿＿＿室内装饰工程质量达到优良又能降低项目成本打下坚实基础。

4. 我方将免费承担＿＿＿室内装饰施工工程范围内的工程设计和变更。

5. 我方将免费承担＿＿＿室内装饰施工工程×年内的后期维护。

6. 我们理解，最低报价不是中标的唯一条件，贵方有选择或拒绝任何投标的权力。

7. 我方承诺：无论我方是否中标，我方将对＿＿＿室内装饰工程招标的全部过程及内容严格保密。

8. 我方的其他承诺：＿＿＿＿＿＿＿＿＿＿＿＿＿＿＿＿＿＿＿＿＿

投标人名称（加盖公章）：
法定代表人或其委托代理人签字：
日期： 年 月 日

2.2 提供设计公司的资质保证

设计公司的资质保证主要指提供设计公司的营业执照、行业资质、设备、办公环境、企业章程等。

根据中国室内装饰协会在 2003 年 6 月 1 号颁布的《全国室内装饰企业资质管理办法》将室内设计公司资质分为三个等级分别是甲、乙、丙三级，装饰施工资质分为四个级别分别是甲、乙、丙、丁四级。

2.2.1 设计公司资质分级标准

1. 甲级设计资质的室内装饰企业应当符合以下条件：

1）具备法人资格，工商注册资本不少于 200 万元人民币；

2）具有承担各类室内装饰设计能力，独立承担过不少于 3 项单项工程造价在 1200 万元人民币以上的高档室内装饰工程设计，艺术效果良好，设计质量合格；

3）有相应的室内装饰工程设计人员，有室内设计专业（或相近专业）高级执业资格或相应资历的总设计师；室内设计高级执业资格人员不少于 3 人，中级执业资格人员不少于 10 人；从事建筑结构、电气、给水排水、暖通、空调、概预算等专业技术人员各不少 1 人；

4）有与开展设计业务相适应的先进设备和固定工作场所；

5）通过国家质量体系认证或有完善的质量保证体系。

2. 乙级设计资质的室内装饰企业应当符合以下条件：

1）具备法人资格，工商注册资本不少于 100 万元人民币；

2）独立承担过不少于 3 项单项工程造价在 800 万元人民币以上的室内装饰工程设计，艺术效果较好，设计质量合格；

3）有室内设计专业（或相近专业）高级执业资格或相应资历的设计主持人；室内设计中级以上执业资格人员不少于 6 人；从事建筑结构、电气、给水排水、概预算等专业技术人员各不少于 1 人；

4）有与开展设计业务相适应的设备和固定工作场所；

5）通过国家质量体系认证或有健全的技术和经营管理制度。

3. 丙级设计资质的室内装饰企业应当符合以下条件：

1）具备法人资格，工商注册资本不少于 30 万元人民币；

2）独立承担过不少于 3 项单项工程造价在 300 万元以上的室内装饰工程设计，有一定艺术效果，设计质量合格；

3）有室内设计专业（或相近专业）中级执业资格或相应资历的设计主持人；室内设计中级以上执业资格人员不少于 3 人；从事建筑结构、电气、概预算等专业技术人员各不少于 1 人；

4）有与开展设计业务相适应的设备和固定工作场所；

5）有技术和经营管理制度。

2.2.2 装饰施工资质分级标准

1. 甲级施工资质的室内装饰企业应当符合以下条件：

1）具备法人资格，工商注册资金不少于 1000 万元人民币；

2）具有承担各类室内装饰工程施工能力，独立承担过不少于 3 项单项工程造价在 1200 万元人民币以上的高档室内装饰工程施工，工程竣工质量合格，无安全事故；

3）有相应的室内装饰工程施工专业技术人员，有 5 年以上室内装饰施工经历的室内装饰专业（或相近专业）高级执业资格或相应资历的总工程师、高级职称的总经济师和总会计师；有室内装饰（或相近专业）、建筑结构、电气、给水排水、暖通、空调、概预算等专业技术人员，其中从事室内装饰施工在三年以上的高级技术人员不得少于 5 人，中级技术人员不少于 10 人；

4）具有完备的室内装饰工程施工组织和有从事室内装饰工程施工三年以上、经过专业培训持证上岗的技术工人骨干队伍，具有甲级项目经理或相应资历的工程项目管理人员不少于 5 人；

5）有与室内装饰工程施工相适应的先进的配备齐全的施工机具、设备和固定的工作场所；

6）通过国家质量体系认证或有完善的质量保证体系，有健全的经营管理、安全、环保等各项管理制度。

2. 乙级施工资质的室内装饰企业应当符合以下条件：

1）具备法人资格，工商注册资金不少于 300 万元人民币；

2）独立承担不少于 3 项单项工程造价在 500 万元人民币以上的室内装饰工程施工，工程竣工质量合格，无安全事故；

3）有三年以上室内装饰施工经历的室内装饰专业（或相近专业）高级执业资格或相应资历的技术负责人，有中级职称的财务、经营管理负责人；有室内装饰（或相近专业）、建筑结构、电气、给水排水、等专业技术人员，其中高级技术人员不少于 3 人，中级技术人员不少于 8 人；

4）有稳定的室内装饰工程施工队伍，有乙级以上项目经理或相应资历的工程项目管理人员不少于 5 人；

5）有与室内装饰工程施工相适应的施工机具、设备和固定工作场所；

6）有完善的质量保证体系和健全的经营管理、安全、环保等各项管理制度。

3. 丙级施工资质的室内装饰企业应当符合以下条件：

1）具备法人资格，工商注册资本不少于 100 万元人民币；

2）独立承担过不少于 3 项单项工程造价在 50 万元人民币以上的室内装饰工程施工，或年累计完成室内装饰工程量 1000 万元人民币以上，工程竣工质量合格，无安全事故；

3）有室内装饰施工中级执业资格或相应资历的技术负责人；有室内装饰专业（或相近专业）建筑结构、电气、概预算等专业人员，其中中级技术人员不少于 3 人，初级技术人员不少于 5 人；

4）有丙级以上项目经理或相应资历的工程项目管理人员不少于 3 人；

5）有与室内装饰工程施工相适应的施工机具、设备和固定工作场所；

6）有必要的质量管理保证体系，有经营管理、安全、环保等管理制度。

4. 丁级施工资质的室内装饰企业应当符合以下条件：

1）具有法人资格，工商注册资本不少于 30 万元人民币；

2）独立承担过 10 万元人民币以上的室内装饰工程施工，工程竣工质量合格，无安全事故；

3）有室内装饰施工初级执业资格或相应资历的技术负责人；有室内装饰（或相近专业）建筑结构、电气、概预算等专业技术人员不少于 1 人；

4）有与室内装饰工程施工相适应的施工机具、设备和固定工作场所；

5）有必要的质量保证体系和经营管理、安全、环保等管理制度。

2.2.3 室内装饰企业资质一般适应的营业范围

甲级设计资质：可承担各类室内装饰工程设计。
乙级设计资质：可承担工程造价 1500 万元人民币以内的室内装饰工程设计。
丙级设计资质：可承担工程造价 1000 万元人民币以内的室内装饰工程设计。
甲级施工资质：可承担各类室内装饰工程的施工。
乙级施工资质：可承担工程造价 1500 万元人民币以内的室内装饰工程施工。
丙级施工资质：可承担工程造价 800 万元人民币以内的室内装饰工程施工。
丁级施工资质：可承担工程造价 100 万元人民币以内的室内装饰工程施工。

2.3 提供设计人员的资质保证

设计人员的资质保证主要指提供设计人员的基本资料、学历、从业资格证、工作经验、职称、证书等。

2.3.1 设计人员的资质标准

根据国家社会劳动保障部门对室内装饰设计人员资质的分类，将室内装饰设计人员划分为三级。分别是：室内装饰设计员（国家职业资格三级）、室内装饰设计师（国家职业资格二级）、高级室内装饰设计师（国家职业资格一级）。

室内装饰设计员（具备以下条件之一者）：

1）经本职业室内装饰设计员正规培训达规定标准学时数，并取得毕（结）业证书。

2）连续从事本职业工作4年以上。

3）大专以上本专业或相关专业毕业生，连续从事本职业工作2年以上。

室内装饰设计师（具备以下条件之一者）：

1）取得本职业室内装饰设计员职业资格证书后，连续从事本职业工作3年以上，经本职业室内装饰设计师正规培训达规定标准学时数，并取得毕（结）业证书。

2）取得本职业室内装饰设计员职业资格证书后，连续从事本职业工作5年以上。

3）连续从事本职业工作7年以上。

4）取得本职业室内装饰设计员职业资格证书的高级技工学校本职业（专业）毕业生，连续从事本职业工作3年以上。

5）取得本职业或相关专业大学本科毕业证书，连续从事本职业工作5年以上。

6）取得本职业或相关专业硕士研究生学位证书，连续从事本职业工作2年以上。

高级室内装饰设计师（具备以下条件之一者）：

1）取得本职业室内装饰设计师职业资格证书后，连续从事本职业工作3年以上，经本职业高级室内装饰设计师正规培训达规定标准学时数，并取得毕（结）业证书。

2）取得本职业室内装饰设计师职业资格证书后，连续从事本职业工作5年以上。

3）取得本职业或相关专业大学本科毕业证书，连续从事本职业工作8年以上。

4）取得本职业或相关专业硕士研究生学位证书，连续从事本职业工作5年以上。

2.3.2 设计人员应具备的工作能力

室内装饰设计员应具备的工作能力见表2-1。

表2-1 室内装饰设计员应具备的工作能力

职业功能	工作内容	技能要求	相关知识
设计准备	项目功能分析	1. 能够完成项目所在地域的人文环境调研 2. 能够完成设计项目的现场勘测 3. 能够基本掌握业主的构想和要求	1. 民俗历史文化知识 2. 现场勘测知识 3. 建筑、装饰材料和结构知识
	项目设计草案	能够根据设计任务书的要求完成设计草案	1. 设计程序知识 2. 书写表达知识
设计表达	方案设计	1. 能够根据功能要求完成平面设计 2. 能够将设计构思绘制成三维空间透视图 3. 能够为用户讲解设计方案	1. 室内制图知识 2. 空间造型知识 3. 手绘透视图方法
	方案深化设计	1. 能够合理选用装修材料，并确定色彩与照明方式 2. 能够进行室内各界面、门窗、家具、灯具、绿化、织物的选型 3. 能够与建筑、结构、设备等相关专业配合协调	1. 装修工艺知识 2. 家具与灯具知识 3. 色彩与照明知识 4. 环境绿化知识
	细部构造设计与施工图绘制	1. 能够完成装修的细部设计 2. 能够按照专业制图规范绘制施工图	1. 装修构造知识 2. 建筑设备知识 3. 施工图绘图知识

续表

职业功能	工作内容	技能要求	相关知识
设计实施	施工技术工作	1. 能够完成材料的选样 2. 能够对施工质量进行有效的检查	1. 材料的品种、规格、质量校验知识 2. 施工规范知识 3. 施工质量标准与检验知识
	竣工技术工作	1. 能够协助项目负责人完成设计项目的竣工验收 2. 能够根据设计变更协助绘制竣工图	1. 验收标准知识 2. 现场实测知识 3. 竣工图绘制知识

室内设计师应具备的工作能力见表2-2。

表2-2 室内设计师应具备的工作能力要求

职业功能	工作内容	技能要求	相关知识
设计创意	设计构思	能够根据项目的功能要求和空间条件确定设计的主导方向	1. 功能分析常识 2. 人际沟通常识 3. 设计美学知识 4. 空间形态构成知识 5. 手绘表达方法
	功能定位	能够根据业主的使用要求对项目进行准确的功能定位	
	创意草图	能够绘制创意草图	
	设计方案	1. 能够完成平面功能分区、交通组织、景观和陈设布置图 2. 能够编制整体的设计创意文案	1. 方案设计知识 2. 设计文案编辑知识
设计表达	综合表达	1. 能够运用多种媒体全面地表达设计意图 2. 能够独立编制系统的设计文件	1. 多种媒体表达方法 2. 设计意图表现方法 3. 室内设计规范与标准知识
	施工图绘制与审核	1. 能够完成施工图的绘制与审核 2. 能够根据审核中出现的问题提出合理的修改方案	1. 室内设计施工图知识 2. 施工图审核知识 3. 各类装饰构造知识
设计实施	设计与施工的指导	能够完成施工现场的设计技术指导	1. 设计施工技术指导知识 2. 技术档案管理知识
	竣工与验收	1. 能够完成施工项目的竣工验收 2. 能够根据设计变更完成施工项目的竣工验收	
设计管理	设计指导	1. 能够指导室内装饰设计员的设计工作 2. 能够对室内装饰设计员进行技能培训	专业指导与培训知识

高级室内设计师应具备的工作能力见表2-3。

表2-3 高级室内设计师应具备的工作能力要求

职业功能	工作内容	技能要求	相关知识
设计定位	设计系统总体规划	1. 能够完成大型项目的总体规划设计 2. 能够控制复杂项目的全部设计程序	1. 总体规划设计知识 2. 设计程序知识
设计创意	总体构思创意	1. 能够提出系统空间形象创意 2. 能够提出使用功能调控方案	创意思维与设计方法

续表

职业功能	工作内容	技能要求	相关知识
设计表达	总体规划设计	1. 能够运用各类设计手段进行总体规划设计 2. 能够准确运用各类技术标准进行设计	建筑规范与标准知识
设计管理	组织协调	1. 能够合理组织相关设计人员完成综合性设计项目 2. 能够在设计过程中与业主、建筑设计方、施工单位进行总体协调	1. 管理知识 2. 公共关系知识
	设计指导	能够对设计员、设计师的设计工作进行指导	室内设计指导理论知识
	总体技术审核	能够运用技术规范进行各类设计审核	1. 专业技术规范知识 2. 专业技术审核知识
	设计培训	能够对设计员、设计师进行技能培训	1. 教育学的相关知识 2. 心理学的相关知识
	监督审查	1. 能够完成各等级设计方案可行性的技术审查 2. 能够对设计员、设计师所作设计进行全面监督、审核 3. 能够对整个室内设计项目全面负责	1. 技术监督知识 2. 项目主持人相关知识

2.3.3　设计师的设计收费标准

1）工程图设计费：（按套内建筑面积计算）

A 首席设计师：150~200 元/m^2（适用于大型家装及大中型工装）

B 高级设计师：100~150 元/m^2（适于大中型家装及中型工装）

C 室内设计师：50~100 元/m^2（适用于中型家装及复式，中小型工装，后期配饰）

D 室内设计员：30~50 元/m^2（适用于中小型家装，后期配饰服务）

注：①每平方米的设计费可随各公司的标准上下浮动，也有按设计师的名气、口碑来收取。②如室内装饰项目同时签定装饰施工合同，方案设计费可为6折计算，或免方案设计费，具体按各公司的标准上下浮动。

2）电脑效果图绘制费：（按每张收取）

一般为 200~500/张，如室内装饰项目同时签定装饰施工合同，电脑效果图绘制费可为6折计算，或免电脑效果图绘制费，具体按各公司的标准上下浮动。

3）手绘效果图绘制费：（按每张收取）

一般为 200~500/张，如室内装饰项目同时签定装饰施工合同，电脑效果图绘制费可为6折计算，或免电脑效果图绘制费，具体按各公司的标准上下浮动。

2.4　提供优良的业绩材料

包含优良的设计机构业绩和优良的设计人员业绩。如：已设计完工的知名项目、赢得老百姓好评的项目、获得比赛大奖的项目、被评选为优秀设计师、资深设计师、杰出中青年室内设计师等。

知名的室内装饰类国际大奖有：亚太室内设计双年大奖赛，德国 IF 设计大奖，IBLIDA 国际建筑景观室内设计大奖等。知名的室内装饰类国内大奖有：中国建筑工程鲁班奖、全国建筑工程装饰奖、中国室内设计大奖等。

第三章 室内设计招标方——项目背景分析

3.1 项目装饰内容分析

3.1.1 家庭装饰的项目分析

家庭空间是与人们关系最为密切的室内空间，家庭装饰的好坏不仅影响到使用者在家中的休息效果，还会间接影响到人们工作学习时的精神状态和效果。

家庭空间的基本功能包括睡眠、休息、饮食、盥洗、视听、娱乐、学习、工作、家庭团聚、会客等等，在设计时要依据各种功能特点的不同来合理组织空间、安排布局。睡眠、休息、学习、工作这几大功能要求安静、私密，因而在空间计划中应尽量把满足这些功能的卧室、书房、工作间安排在靠里边、靠尽头的位置，不易被室内活动穿越，不易被人打扰。家庭团聚、会客要求热闹、外向，常常和视听、娱乐结合在一起，安置在客厅或起居室，这类空间应尽量安排在空间宽敞、活动方便、易于对外联系的位置，如靠近门厅或邻接过道的位置都是比较合适的。此外，厨房邻近餐厅、卧室邻近卫浴的空间布局会比较方便人们的使用。

家庭空间在满足了人们的使用、功能要求的基础上就要开始对精神功能要求进行考虑。家庭空间精神功能的影响因素在比较多，有地域特征、民族传统、宗教信仰、文化水平、社会地位、个性特征、业余爱好、审美情趣等，在设计之初要对上述诸多因素加以考虑和分析，进行整体设想，才能设计出业主喜爱的装饰风格和造型特征。整体风格造型构思是室内装饰的灵魂，它对设计中的各个细节，像色彩的搭配、材质的运用、装饰语言的表现形式、家具的配置、装饰品和家居饰物的选择等都起着指导性和统领性的作用。

在现代家庭装饰设计中，考虑到社会生活节奏快、工作压力大、经济负担重等因素，家庭空间的整体风格应以简约主义和回归自然风格为主导，创造造型简洁、轻松明快、恬静宜人的居住环境。（图3-1～图3-8）

图3-1 家庭空间-客厅背景墙

图3-2 家庭空间-客厅沙发

图3-3 家庭空间-客厅沙发

图3-4 家庭空间-厨房

图3-5 家庭空间-卫生间

图3-6 家庭空间-卧室

图3-7 家庭空间-衣柜

图3-8 家庭空间-儿童房

3.1.2　办公场所装饰的项目分析

办公场所的室内空间根据功能性质区分，大致由以下几类房间组成：第一，办公用房，即办公室、办公室的类型又可分为小单间办公室、大空间开放办公室、绘图室、财务室等专业性办公室、单元型办公室、公寓型办公室等；第二，公共用房，指办公场所中内外人际交流或员工聚会、展示等用房，如会客室、接待室、休息室、各类会议室、阅览室、展示厅、多功能厅等；第三，服务用房，为办公场所提供资料、信息的收集、编制、交流和贮存等功能的用房，这是为工作人员提供生活及环境设施服务的用房，如开水房、卫生间、员工餐厅、电话交换机房、变配电间、空调机房、锅炉房等。

对办公场所使用功能的总体设计要求大致有以下几点：第一，办公场所内环境中的各类用房之间的面积分配比例，房间的大小、数量，均应根据办公场所的使用性质和现实需要来确定，同时，还要对以后功能、设施可能发生的调整变化进行适当的考虑；第二，办公场所中各类用房的位置及层次应根据房间对外联系的密切程度来确定，对外联系较密切的房间应布置在临近出、入口处或临近出、入口的主通道处，比如收发室或传达室设置在出、入口处，会客室和有对外性质的会议室、多功能厅设置在临近出、入口的主通道处，同时，人数较多的房间还要特别注意安全疏散通道的组织；第三，大型综合办公场所中不同功能的联系与分割应在平面布局和分层设置时就予以充分的考虑，必要时，如办公与餐饮、娱乐等功能组合在一起时，要注意尽可能的单独设置不同功能的出、入口，避免相互的干扰；第四，从安全疏散和便于通行的角度考虑，袋形走道远端的房门到楼梯口的距离不应大于22m，走道过长时应设采光口，单侧设房间的走道净宽应大于1300mm，双侧设房间的走道净宽应大于1600mm，走道净高不得低于2100mm；第五，办公场所内要有合理、明确的导向性，即人在空间内的流向应顺而不乱，流通空间充足、有规律。

办公场所是脑力劳动集中的地方，它的精神功能主要是提高使用者的注意力、调动使用者的积极性，以便提高工作效率，同时，通过营造舒适、和谐的工作氛围来调节使用者的工作情绪、给使用者带来一定的精神愉悦。办公室的室内装饰有以下几点要求：第一，设计的秩序感；第二，明快感；第三，现代感。（图3-9～图3-16）

图3-9　办公空间-前台

图3-10　办公空间-办公区

图3-11　办公空间-办公隔断

图3-12　办公空间-会客区

图 3-13　办公空间-休息区

图 3-14　办公空间-会议室

图 3-15　办公空间-主管间

图 3-16　办公空间-总经理室

3.1.3　营业装饰的项目分析

营业空间的项目分析要求主要有：第一，营业空间的设计风格和格调要根据商场的经营性质、商品的档次特点、顾客的构成、商场的建筑外形和地区环境等因素来确定；第二，有利于商品的展示、陈列和促销，为营业员的销售工作和购物者的选择活动创造便利、舒适环境；第三，设计的中心是商品，即设计的装饰手法、选材用色、照明安排都是为了突出商品，从而激发人们的购买欲望，从这一角度来看，商场的内环境其实是衬托商品的背景；第四，确保顾客活动线路流畅，营业员服务方便，防火分区明确，安全疏散通道顺畅，出、入口醒目；第五，保证营业空间内声、光、热、通风等物理环境的舒适性；第六，要有统一的视觉传达体系；第七，要重视残疾人士和老人的无障碍设计。（图 3-17～图 3-24）

图 3-17　服饰店-1

图 3-18　服饰店-2

图 3-19　服饰店-3

图 3-20　服饰店-4

图 3-21　餐饮空间-1

图 3-22　餐饮空间-2

图 3-23　餐饮空间-3

图 3-24　餐饮空间-4

3.1.4　娱乐装饰的项目分析

娱乐空间的项目分为：卡拉 OK 室内空间、洗浴中心室内空间、酒吧室内空间。

现代的卡拉 OK 大致分为两种，即全包厢型卡拉 OK 和包厢与大厅相结合型卡拉 OK。卡拉 OK 的设计要求与特点大致可以归为以下几点：第一，卡拉 OK 内设计风格和格调要根据经营理念、顾客群体、设计主题的不同树立与众不同的个性特征，或是金碧辉煌，或是简约高雅，或是神秘怪诞；第二，卡拉 OK 内设计的表现形式不必拘泥于现有的造型和手法，可依据自身的风格定位进行大胆的、标新立异的突破，重视新材料、新工艺、新形式的运用，充分体现现代娱乐、休闲场所的时代精神；第三，强调高品质的视听效果,这一效果的实现,一方面有赖于优质的视听设备,另一方面要求室内中要有良好的吸音、隔音功能,也就是说,在设计时注意顶棚、墙体中吸音材料的使用,一般来说,墙面装饰采用"软包",即用海绵包防水布或其他皮革等材料来进行装饰,布面应选择色彩高雅、图案新颖、质地优良的材料。(图3-25、图3-26)

图 3-25 KTV-1

图 3-26 KTV-2

洗浴中心室内空间的功能区大致包括:总台、接待厅、更衣区、湿区、干身区、休息区、餐饮区、贵宾区、贵宾房、卫生间、机房以及办公室等。洗浴中心设计主要注意:第一,通过设计风格定位和对应的装饰造型营造高贵、大方、休闲、轻松的室内空间。接待厅(大堂)在设计上要求豪华、大方。同时要考虑待客的沙发,在空间处理上要达到一种亲切、温和的感觉和休闲的艺术气氛。比如木制的桑拿房、幻彩涂料喷制的蓝天白云的池区顶棚、意趣盎然的雕塑作品都十分有利于气氛的烘托;第二,湿区是洗浴中心的重点功能区,包括淋浴间、按摩池、桑拿房、蒸汽房、台式洗浴区以牛奶浴、药浴等特殊洗浴区,在设计上要求整洁、卫生,光线明亮,空间应尽可能宽敞,并应安装足够的换气和空气调节设备,池区中一般设有热池、暖池和冷池,由于考虑到承重问题,池区多布置在底层;第三,休息区一般占洗浴中心总面积的40%~70%,也是室内设计的重点之一,休息区要求环境优雅、空气流通、光线柔和、温度适宜,有的洗浴中心还在休息区设置了电视或投影,增添了休息区的娱乐功能;第四,洗浴中心的室内设计要复合消防、环保、卫生防疫等的相关要求。(图3-27~图3-29)

图 3-27 洗浴中心-1

图 3-28 洗浴中心-2

酒吧一般分为静吧和闹吧两种。静吧强调的是一种高雅、宁静的格调,而闹吧强调的是一种活泼氛围,其室内色彩常常是对比强烈、凝重,界面多给人以强烈的印象。酒吧的功能区主要包括调酒区、吧台、座席区、服务台、备餐区、演艺区、卫生间、机房以及配电间等服务性用房,有的高档静吧还有部分包间。酒吧室内设计的要点主要是:第一,酒吧的室内设计要有明确的设计主题,针对主题再展开叙事性的装饰设计,第二,酒吧的空间处理应轻松、随意,可以通过弧形、折形、悬吊、穿插等不规则的空间处理手法打破平行、垂直风格的沉闷感,营造个性化的感性空间,第三,考虑到酒吧多在夜间营业,应把灯光布置作为设计的一个重点,酒吧的照明不宜太亮。(图3-30~图3-32)

图 3-29　洗浴中心-3

图 3-30　酒吧-1

图 3-31　酒吧-2

图 3-32　酒吧-3

3.2　项目场地条件分析

室内装饰设计项目进场时应注意以下几点：

1. 项目报建手续是否完整。
2. 场地条件是否完备。
3. 土建结构是否完善。
4. 给排水系统是否完好。
5. 机电设备是否正常齐全。

现将项目进场条件书附后。

项目进场条件书

为使甲方与乙方间顺利交接工程，保证项目目标的顺利实现，现制定如下室内装修进场条件要求。

在场地移交/接收时，甲方需安排持有甲方的代表在场与乙方现场代表共同验收并将未完成项目/未具备之条件记录及签署确认。

进场条件为全部完成以下手续及工程项目并按房屋装饰协议和要求与规格完成，且达到国家验收标准和施工说明的要求。

一、报建手续

1. 甲方在双方交接场地前 10 天向乙方提供包括但不限于项目立项批文和固定资产投资计划表、建设用地规划许可证、土地使用证、建设工程消防设计审核意见书、环境影响评估报告表及批复意见、建设工程规划许可证、建设工程开工许可证、建设工程消防验收合格意见（改建项目）、建设工程竣工验收合格证书、房屋产权证及房屋租赁许可证（改建项目）以及其他如水、电、煤气、电梯等必须的全部工程手续复印件。

2. 甲方协助乙方新建及改建装修图纸（包括室内装饰项目的平面布置图）通过当地卫生、消防、环保和相关建设行政管理等部门的审核，在双方交接场地前取得建设项目设计卫生审查认可书、建设工程消防设计审核合格意见书、环境影响评价合格批复意见和装饰施工开工证等。

二、场地条件

1. 乙方装饰区域具备基本的物理状态，不存在其他租户的占用情况，也没有施工或其他人员住宿。

2. 施工场地由乙方项目组管理，在场地内的施工单位都要遵从乙方有关的管理规定。

3. 甲方需提供 **300kVA** 临时电及至少 **DN40** 管径的临时水给装饰公司施工用，并单独计量。

4. 若该项目位于采暖地区，且要进行冬季施工，在乙方施工队进场前甲方需要提供城市供暖，达到室内环境温度不低于10℃的要求。若因气候原因乙方需要开启供暖系统，供暖费用由乙方承担。

三、土建结构

1. 甲方必须全部完成建筑物的结构主体及外墙施工（包括门窗）。

2. 甲方必须全部完成除为搬运设备的预留洞口外的所有室内土建工程。

3. 甲方必须按照要求与规格完成室内墙体及天棚装饰；所有墙洞，管道通过天棚或外墙的地方必须封堵及做好防水工作，如因漏水而导致乙方不能施工或损坏乙方之完成品或财物，损失由甲方负责。

四、机电系统

1. 甲方必须具备市政煤气管线系统。

2. 甲方必须具备市政电线、网线系统。

五、给排水系统

1. 甲方必须具备市政给排水系统。

2. 甲方必须具备市政消防水系统。

六、其他＿＿＿＿＿＿＿＿＿＿＿＿＿＿＿＿＿＿＿＿＿＿＿＿

甲方：	乙方：
代表：	代表：
年　月　日	年　月　日

3.3 项目成本因素分析

室内装饰项目的精装修主要在以下四个阶段严格掌控才能落实真正意义上的成本控制。依次是：限额设计阶段的材料成本控制；投标报价阶段的材料成本控制；工程实施阶段的材料成本控制；工程完工后的材料成本控制。

3.3.1 限额设计阶段的材料成本控制

在设计一开始就应将控制投资的思想根植于设计人员的头脑中，保证选择恰当的设计标准和合理的功能水平。

设计是装饰企业控制成本、削减成本的源头所在。然后确定好设计材料控制更是重中之重，通常可以采取这样一些材料成本控制措施：

1. 设计方案评审。设计部在接到项目设计任务后，应立即安排设计小组制定设计方案，并组织方案评审会，优化设计方案，为企业成本控制创造先决条件。

2. 合理利用装修设计规范。新规范下来后，设计部组织所有设计人员认真讨论学习，并对照新规范及时改进和完善设计，降低工程成本，如在不影响质量和使用的前提下，幕墙的钢件热镀锌改电镀或喷漆，预埋件开槽改焊接等。

3. 设计过程控制。重点加强设计图纸、料单的复核审查，修改设计图和补充材料的严格控制，设计人员与项目管理人员、项目督导的沟通。设计人员深入现场踏勘，增强设计人员责任感，减少设计失误造成的材料损失和浪费。

3.3.2 投标报价阶段的材料成本控制

装饰工程所用材料由于种类繁多，且由于艺术性的缘故，新品牌不断涌现、新材料更是日新月异的变化着。因此，在投标阶段，装饰企业投标报价阶段的材料成本控制工作的关键是材料询价。此时，首先要做的是根据投标图纸列出材料清单，对相关材料按品牌、厂家的不同逐一进行询价。对钢材、铝型材、玻璃、花岗石、地砖、墙砖等大宗材料和重要材料还可以通过组织供应商进行材料招标，在质量、服务、价格、供货周期、付款条件等方面反复比较，从中选优而得到最优惠的价格，以使工程报价具有竞争力的同时，材料成本也在事前能得以有效控制。

3.3.3 工程实施阶段的材料成本控制

工程实施阶段的材料成本控制是装饰企业材料成本控制管理工作的关键，对整个工程成本的控制有着举足轻重的影响。本阶段应从材料的计划—采购—使用这三个环节入手，加强管理，严格监控，以实现降低工程成本的目的。

第一，首先应加强材料的计划性与准确性。材料计划的准确与否，将直接影响工程成本控制好坏。因此，首先应加强材料消耗量估算的准确性，并运用材料 ABC 分类法进行材料消耗量估算审核。材料消耗量估算之前，现场技术人员应通过仔细研读投标报价书、施工图、排版图，依据企业的材料消耗定额，准确计算出相应材料的需用量，形成材料需用计划或加工计划。估算是否准确合理，可以运用材料 ABC 分类法进行材料消耗量估算审核。根据装饰工程材料的特点，对需用量大、占用资金多、专用材料或备料难度大的 A 类材料，必须严格按照设计施工图或排版图，逐项进行认真仔细的审核，做到规格、型号、数量完全准确。对资金占用少、需用量小、比较次要的 C 类材料，可采用较为简便的系数调整办法加以控制。对处于中间状态的常用主材、资金占用属中等的辅材等 B 类材料，材料消耗量估算审核时一般按企业日常管理中积累的材料消耗定额确定，从而将材料损耗控制在可能的最低限，以降低工程成本。

第二，应加强对材料采购的管理。科学的采购方式，合理的采购分工，健全的采购管理制度是降低采购成本的根本保障。因此采取必要措施，加强材料采购管理是非常重要，也是非常必要的。

首先，实行归口管理和采购分工是材料采购的基本原则。装饰企业尽管有点多、线长、不便管理的特点，但归口管理的原则必须坚持。材料采购只有归口材料部门，才能为实现集中批量采购打下基础。反之，不实行归口管理，造成多头采购，必然形成管理混乱、成本失控的局面。又由于装饰企业消耗的物资品种繁多，消耗量差别很大。如何根据消耗物资的数量规模和对工程质量的影响程度，科学划分采购管理分工，非常必要。因此，科学的采购分工是实现批量采购、降低成本的基础。

其次，集中批量采购是市场经济发展的必然趋势，是实现降低采购价格的前提。材料部门对施工生产起着基础保障作用。这个作用是通过控制大宗、主要材料的采购供应来实现的。要实现控制，首先就要集中采购，只有集中才可能形成批量，才可能在市场采购中处于十分有利的位置，才可能争取到生产企业优先优惠的服务。实行集中批量采购，企业内部与流通环节接触的人少，便于管理。所以实行归口管理，集中批量采购是物资采购管理的基本原则和关键所在，是企业发展的需要，是降低采购成本的前提。

再次是要考虑资金的时间价值，减少资金占用，合理确定进货批量与批次，对部分材料实时采购，实现零库存，降低材料储存成本，从而降低材料费支出。

第三，在材料使用过程中，要做好技术质量交底，同时做好用料交底，执行限额领料。由于工程建设的性质、用途不同，对于施工项目的技术质量要求、材料的使用也有所区别。因此，施工技术管理人员除了熟读施工图纸，吃透设计思想并按规程规范向施工作业班组进行技术质量交底外，还必须将自己的材料消耗量估算意图灌输给班组，以排版图的形式做好用料交底，防止班组下料时长料短用、整料零用、优料"劣"用，做到物尽其用，杜绝浪费，减少边角料，把材料消耗降到最低限度。同时，要严格执行限额领料，在下达施工任务书中，附上完成该项施工任务的限额领料单，作为发料部门的控制依据，防止错发、滥发等无计划用料，从源头上做到材料的"有的放矢"。

3.3.4　工程完工后的材料成本控制

工程完工后，应加强成本分析工作，构成工程实体所消耗的人工费、材料费和机械费应及时进入实际成本。实际材料成本可与相应的计划成本相对比，通过计划与实际对比，可发现误差原因并制订纠正预防措施。为以后成本控制提供更充分的技术保证。

成本分析包括材料用量和材料价格两方面的分析对比工作。对于超出装饰企业消耗定额消耗量的材料，应从材料耗用、施工工艺的采用、材料出入库管理、现场的堆放与运输和余料回收等方面进行分析对比；而对于超出材料预定价格的材料，则应从材料的购买价、运费、资金的时间价值、资金的占用等综合费用与控制价格进行分析对比。通过上述两方面的对比分析，找出原因，制订出有效的纠正预防措施，使室内装饰项目成本控制管理更完善、更经济。

第四章　室内设计标书的创意流程

4.1　与客户前期沟通

首先撰写一份客户沟通意向书，方便在与客户沟通的过程中，准确地将客户建议收集起来。

客户沟通意向书

日期＿＿＿＿＿＿＿＿＿＿＿＿＿＿＿＿

业主姓名＿＿＿＿＿＿＿＿＿＿＿＿＿＿

楼盘名称＿＿＿＿＿＿＿＿＿＿＿＿＿＿

地址＿＿＿＿＿＿＿＿＿＿＿＿＿＿＿

业主对该房优点的描述＿＿＿＿＿＿＿＿＿＿＿＿＿＿＿＿＿＿＿＿＿＿＿＿＿＿＿＿＿＿

业主对该房缺点的描述＿＿＿＿＿＿＿＿＿＿＿＿＿＿＿＿＿＿＿＿＿＿＿＿＿＿＿＿＿＿

业主内心深处对家的理想状态的描述＿＿＿＿＿＿＿＿＿＿＿＿＿＿＿＿＿＿＿＿＿＿＿

业主准备对该房装饰的预算价位范围＿＿＿＿＿＿＿＿＿＿＿＿＿＿＿＿＿＿＿＿＿＿＿

装饰风格（多项选择）

现代　豪华　简洁　气派　时尚　前卫　个性　实用　典雅　古典　欧式　明亮　厚重　现代中式　经济　自然不做作

选中排序前五＿＿＿＿＿＿＿＿＿＿＿＿＿＿＿＿＿＿＿＿＿＿＿＿＿＿＿＿＿＿＿＿＿＿

细节情况问答：

＊你对哪个地域的文化、生活更感兴趣？

＊你个人着装的风格和最喜欢的色彩是什么？

＊你有宗教信仰吗？

＊在装修中有没有禁忌？

＊在设计中你是否在某一局部考虑特殊的文化氛围？

＊有无旧家具或特殊物品的安置？

＊是否介意入门能直观全室？

＊是否考虑入门设置衣柜、鞋柜，或只作为装饰区域？

* 对玄关地面有无特殊要求?

● 有关客厅

* 主要功能是家人休息、看电视、听音乐、读书还是接待客人?

---

* 是否要与其他空间结合在一起?如厨房、餐厅或书房?

---

* 家中来客人主要是聊天还是聚会?

---

* 是否安装家庭影院设备?你的音像制品有多少?是否需要特别安置?

---

* 客厅主要是为了展示还是要更实用?

● 有关餐厅

* 使用人数、频率是多少?

---

* 是否是家人或朋友聚会的主要场所?

---

* 是否会在这里做娱乐活动?如看电视、打牌等?

---

* 对于色彩和灯光有无特殊要求?

---

* 家中有无藏酒?是否需要配餐柜、酒柜、陈列柜?

● 有关厨房

* 格局是什么?是开放式还是封闭式?

---

* 主要用于陈列还是实用?

---

* 你最喜欢哪种口味的菜肴?

---

* 通常家中谁做饭?保姆还是女主人?或者是?

---

* 你希望厨房最多是电器化还是传统操作?

● 有关书房

* 只是展示藏书还是每天会使用?

---

*会有几个人使用？主要会是谁使用？

*在书房主要是工作、阅读还是会客、品茶？

*藏书种类主要是杂志、书籍、工具书还是纯装饰书？

*你更习惯以什么姿势看书？

● 有关主卧室
*你喜欢什么类型的床？尺寸是多大？

*是否要有更衣间或衣柜？

*女主人需要梳妆台吗？

*是否需要视听设备？

*对灯光有无特殊要求？喜欢一盏主灯、壁灯还是台灯？

● 有关老人房与儿童房
*对这个房间规划有无时间段？

*居住者的兴趣、爱好？

*是否要考虑老人的特殊身体状况？

*孩子的玩具、书籍有多少？

● 有关卫生间
*对环境、颜色、材质有无特殊设想？

*是要浴缸还是淋浴？

*在这里有收纳需要吗？

*你在这里会做一些浪漫的事或享乐的事吗？

*会在这里化妆吗？

● 有关更衣间

*家中谁的衣物最多？比例是多少？

_____

*你喜欢如何收纳衣物？按人员？按季节？还是按衣物种类？

_____

*你是否会将杂物放在更衣间里？

_____

● 有关阳台

*你想保留独立的阳台还是让它成为居室的一部分？

_____

*有无特殊功能？如储物、健身、养花？

_____

● 其他相关

*你最喜欢什么色彩？

_____

*希望家中饰品是一个风格体系里的还是多种风格并存？

_____

*希望一下装饰到位还是慢慢积攒？

_____

*你有没有特殊物品需要展示？

_____

*喜欢柔软的东西还是造型感很强的东西？

_____

*家中的供暖设备是否需要改造？

_____

*你采用中央空调还是分体空调？

_____

*电话和电脑的位置在哪里？

_____

4.2　投标书的构思

针对客户的装饰意向询查表，能够收集客户对室内装饰项目各方面的建议，方便设计师进行投标书的构思。投标书构思主要从以下三点来进行。

1）大处着眼细处着手，总体与细部深入推敲

大处着眼，既是设计师有一个设计的全局观念，这样在设计时思考问题和着手设计的起点就高。细处着手是指设计师在具体进行设计时，必须根据室内的使用性质，深入调查、搜集信息，掌握必要的资料和数据。

2）从里到外，从外到里，局部与整体协调统一

室内环境的"里"，以及和这一室内环境连接的其他室内环境，以至建筑室外环境的"外"，它们之间有着相互依存的密切关系，设计时需要从里到外多次反复协调，务使其更趋完美合理。家装室内环境

需要与家庭生活空间整体的性质、标准、风格,与室外环境相协调统一。

3)意在笔先或笔意同步,立意与表达并重

意在笔先原指创作绘画时必须先有立意,即深思熟虑,有了想法后再动笔,也就是说设计的构思、立意至关重要。可以说,一项设计,没有立意就等于没有灵魂,室内设计的难度也往往在于要有一个好的构思。具体设计时意在笔先固然好,但是一个较为成熟的构思,往往要有足够的信息量,有商讨和思考的时间,因此也可以边动笔边构思,即所谓笔意同步,在设计前期和出方案过程中立意、构思逐步明确。

4.3 草图制作

草图一般是快速完成创意构思,采用手绘的形式表现。草图手绘主要采用两种形式。分别是手绘平面布置草图和空间造型透视草图。

手绘平面布置草图能够反映出项目设计的总体思路。主要是指在户型结构图的基础之上,通过黑笔勾线手绘,对室内空间进行分隔,大体上确定整个平面的布局安排。主要是绘制空间的划分、墙体的分隔、门、窗、地面铺装、家具摆设、卫生洁具、家用电器等。(图4-1、图4-2)

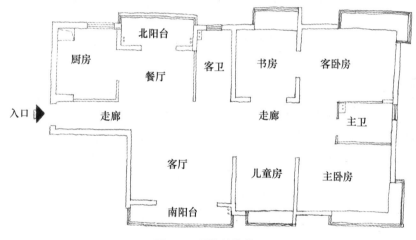

图4-1 原始结构草图

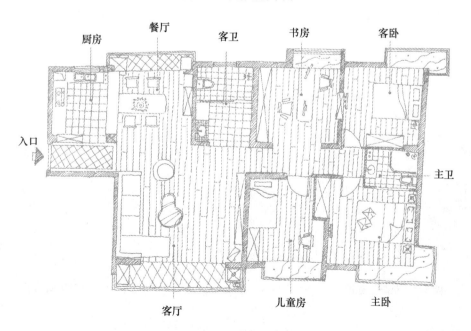

图4-2 平面布置草图

空间造型透视草图能够反映出各个具体空间的大致布局。主要是指在客厅、餐厅、卧室、书房等的具体造型设计。如地面铺装、墙体造型、顶棚造型、灯具造型、家具陈设布置、室内绿化布置等。（图4-3～图4-14）

图4-3　餐厅草图

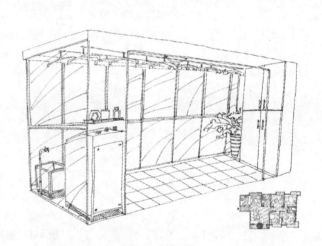

图4-4　客厅草图

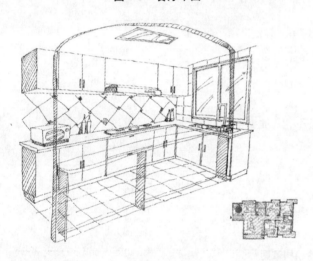

图4-5　厨房草图

图4-6　南阳台草图

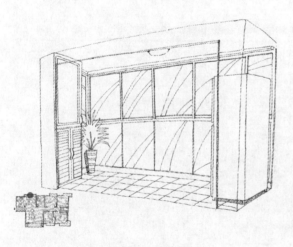

图4-7　北阳台草图

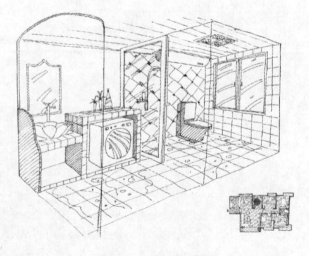

图4-8　客卫生间草图

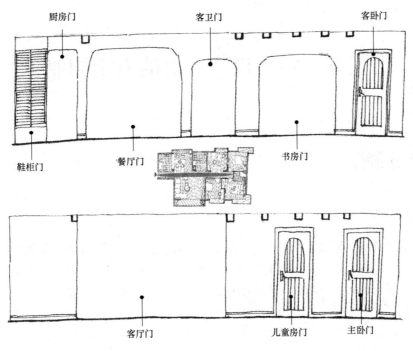

图4-9　走廊立面草图

图4-10　书房草图

图4-11　儿童房草图

图4-12　客卧草图

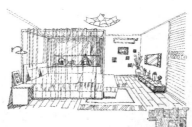

图4-13　主卧草图

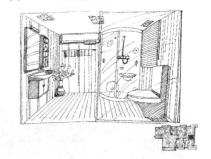

图4-14　主卫草图

4.4　修改与完善

　　创意草图制作完成后，可以拿创意草图与客户沟通。聆听客户对创意草图的各种建议，将客户的修改要求逐一记下，回去对创意草图进行修改完善，如问题不大，可进入方案图制作阶段。如问题较大，再重新进行草图制作。

第五章　室内设计标书的方案图制作

5.1　封面与目录制作

5.1.1　封面制作

封面是整本标书的外观。标书封面是观者第一眼看到的地方，往往第一映像就是通过标书的封面产生，所以封面在整个室内设计标书中占据着极其重要的地位。在制作室内设计标书的时候应该使其封面尽可能地打动人心，吸引观者进一步地阅读标书的具体内容，这样的标书封面才算成功。

室内装饰涉及标书封面上的内容，包含了整个室内装饰的项目名称、制作标书的设计单位名称以及制作时间等。室内装饰标书封面一般分前后两块，前面为封面，后面为封底。在室内装饰投标书的封面上，应该把设计投标的整个项目名称放在封面的显要位置，让观者一目了然。标题名一定要规范，决不能错字、漏字。字体可以转换大小，也可以用中英文对照的形式排列。其次，在投标书的封面上还应标有设计单位和设计者的名称。注意整个封面要以项目名称的标题为主，设计单位和设计者的名称为辅。在制作时，处理好主次关系。

在封面的排版制作上，可以运用计算机辅助设计。用图形排版软件 CorelDRAW，把标题文字和一些背景图案进行整理排版，这样制作成的封面非常工整规范。也可以把自己绘制的室内装饰方案效果图放在 Photoshop 里面进行整理，加上文字，构成封面，这种制作表现方式能使标书里面的内容与封面前后呼应，达到整体如一的效果，增加封面的艺术性。

在整体风格上，室内设计标书的封面没有约定俗成的蓝本。一般的封面制作风格因项目背景设计风格而定。有些偏向自然、写实，通过封面图例可以看到以自然、朴实的国画为背景的封面，这种封面风格清淡幽雅。也有在图例和字体上进行粗向、夸张、变形的处理，使标书封面的整体显得更加夺目和个性。还有些标书封面则映出较强的商业味道。这些都要由标书的整体内容和项目的背景来定。

目前在市场上，室内装饰标书的封面封底一般都是以用较厚的硬壳纸板制作而成，纸板与标书里面的文件大小一致。这样装订以后，既可以保护标书，又便于携带。或者可以将标书的封面封底打印在色卡纸上，然后再上下各加一张透明卡纸，运用圆环条把封面封底、各层透明卡纸、标书文件全部都装订在一起，同样携带方便，同时又尽显精致。标书封面的装裱制作方式有很多，在此仅列举一二。（图 5-1 ~ 图 5-14）

图 5-1　装饰图案封面处理

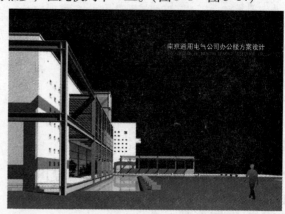

图 5-2　建模效果封面处理

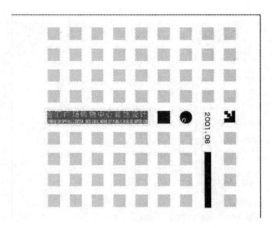

图 5-3　装饰图案封面处理

图 5-4　实景相片穿插处理

图 5-5　字体变形封面处理

图 5-6　艺术化中英文封面处理

图 5-7　艺术化装饰封面处理

图 5-8　色彩对比封面处理

图 5-9　手绘效果图封面处理

图 5-10　装饰图案封面处理

31

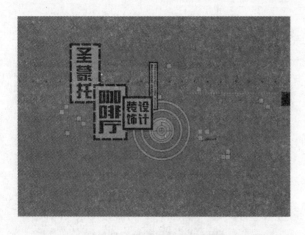

图 5-11 艺术字体封面处理

图 5-12 室内实景图片封面处理

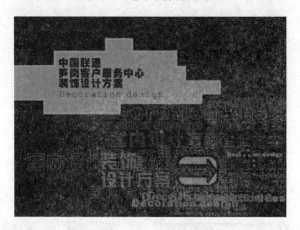

图 5-13 艺术字体封面处理

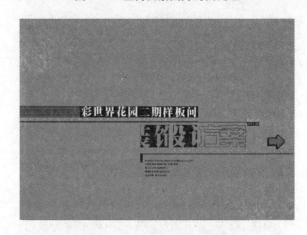

图 5-14 艺术字体封面处理

5.1.2 目录制作

室内设计标书目录一般在标书第一页。根据现在室内设计这个行业标书制作所包含的内容，一般把目录分为两个部分：一为文字目录，一为图例目录。

第一部分为文字说明部分。这里含标书承诺书、整体项目资质保证、设计单位的业绩、项目背景分析、室内设计的理念与目标、室内设计的原则、整体布局与局部景观说明、主要经济指标、室内设计工程概预算编制、实施措施、后期维护、合同等。这些全部为文本文件或列表文本。

第二部分为图例部分。这里包含了室内设计项目所用的全部图纸，有：原始测量图、敲墙定位图、砌墙定位图、平面布局图、面积周长图、地面铺设图、顶面布置图、开关布置定位图、插座布置定位图、客厅电视背景立面图、鞋柜、餐厅及书房立面图、主卧、次卧、儿童房衣柜立面图等。

这两大部分构成了室内设计标书的总目录。两个部分在标书目录中的先后顺序可以根据实际情况来定，也可以根据实际情况适当增加或减少项目。如有些大型的室内设计标书中，还要涉及建筑施工、水、电等相关专业问题，可以适当地在标书的目录中把这些项目增加进去。

在制作目录时，要把所有的设计图纸和设计文本全都编上先后顺序，在每个项目后面都应标上页码，项目放在左方，页码放在右方，让客户可以通过目录进行查找。同时，排版一定要规整，文字和页码一定要简洁、清晰、整齐、正确。如果觉得单调，也可以给目录制作背景。整个目录尽量排列在一张纸上，方便查阅。如果一张实在不够，再用第二张纸，但目录必须连在一起，放到标书的开始处。（图 5-15 ~ 图 5-19）

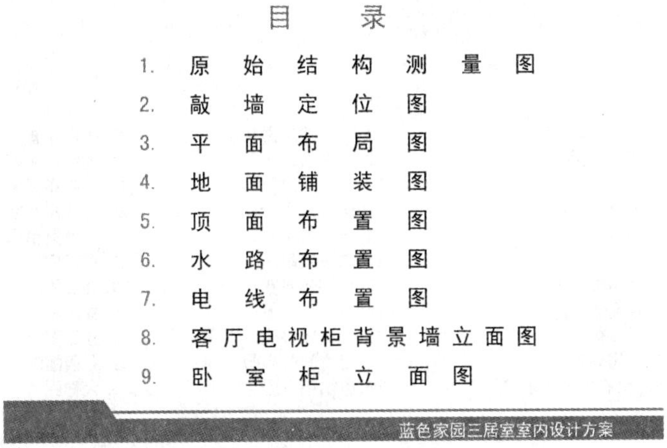

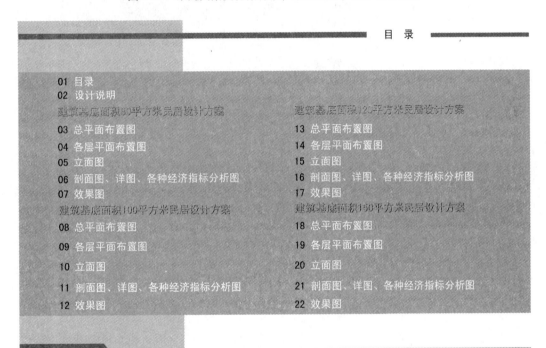

图5-15 采用图案变化做背景,单列排序,制作标书目录

图5-16 采用图案变化做背景,2 列排序,制作标书目录

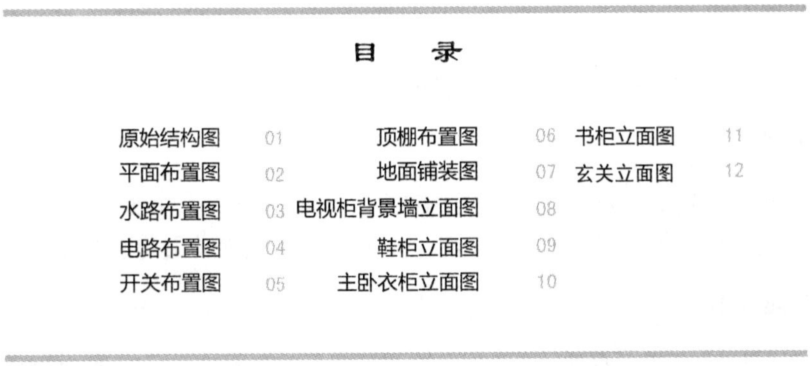

图5-17 采用3 列排序,制作标书目录

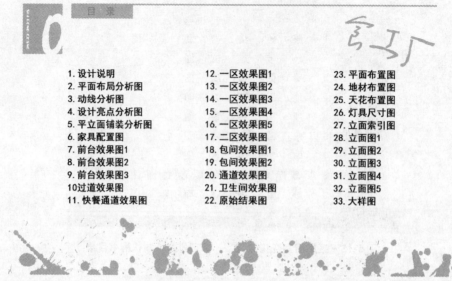

图 5-18　采用 3 列排序，制作标书目录

图 5-19　采用古书目录方式，制作标书目录

5.2　工程图制作

室内设计标书的工程图制作包括以下几个方面的内容。

5.2.1　原始测量图

原始测量图是指进入室内毛坯房后，对室内的空间进行准确测量，并画出各个部位的结构图。包含了原始的内外墙体、门、窗、柱、梁、上下水管道、电线管道、公开位置等。（图 5-20）

5.2.2　平面布置图制作

平面布置图是室内设计标书的重点部分，主要是绘制一些方案的平面布局，概括标书的规模、整体情况和布局安排。具体包括空间划分、墙体分隔、门、窗、地面铺装、家具摆设、卫生洁具、家用电器等的设计。

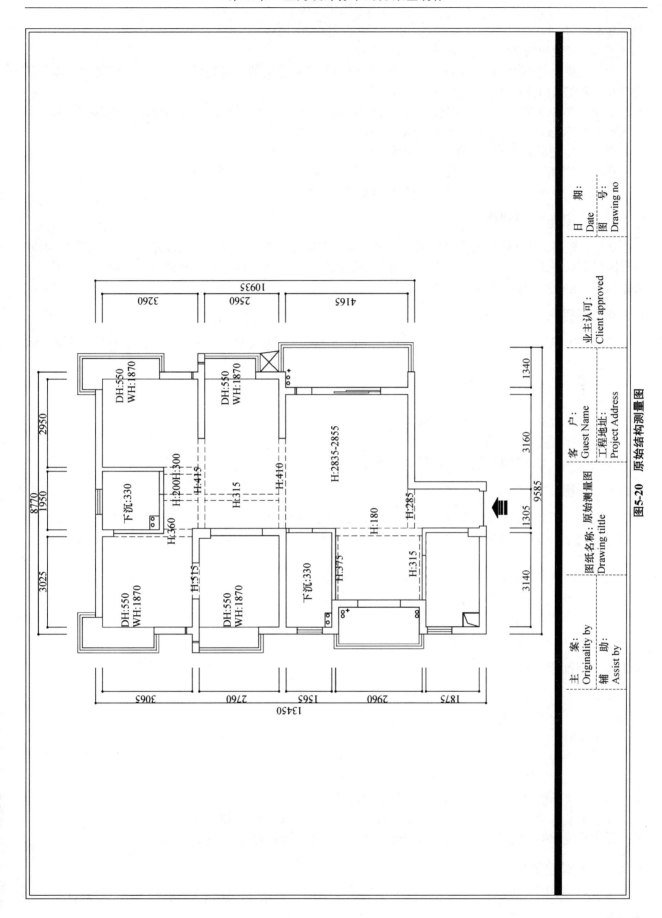

图5-20　原始结构测量图

基本内容：

①表明建筑物的平面形状与尺寸。

②表明装修装饰结构在建筑内的平面位置，以及与建筑结构的相互关系。表明装饰结构的具体形状及尺寸。表明饰面的材料及工艺要求。

③表明室内设置、家具安装的位置以及与装饰布局的关系，表明设备及家具的数量、规格和要求。

④表明各立面图的视图投影关系和视图位置编号。

⑤表明各剖面图的剖切位置、详图和通用配件符的位置及编号。

⑥表明各种房间的位置及功能。走道、楼梯等人员流动空间的位置与尺寸。

⑦表明门窗等的开启方向、位置与尺寸。（图5-21）

5.2.3 水电布置图制作

水电布置图分为水路布置图和电路布置图。水路布置图主要指室内水管的线路布置。厨房卫生间阳台等区域是水管比较集中的地方，在绘制时要特别注意。电路布置图主要指室内电路的电线布置图、开关布置图、插座布置图。（图5-22、图5-23）

5.2.4 顶棚布置图制作

顶棚布置图主要是指室内空间的天花板处平面布置形式。主要集中在室内会客厅、餐厅、走廊、入口的顶棚造型。

顶棚平面图表现的内容如下：

①现顶棚装饰造型式样与尺寸；

②说明顶棚所用的装饰材料及规格；

③表明灯具式样、规格及位置；

④表明顶棚吊顶剖面图的剖切位置和剖切面编号。（图5-24）

5.2.5 立面图制作

立面图主要是平面布置图的立面情况，反映室内的层高、梁与柱的造型、家具立面的造型。立面图一般有客厅背景墙的立面造型、餐厅背景墙的立面造型、玄关的立面造型、书柜和衣柜的立面造型等。

基本内容：

①明装饰吊顶天棚的高度尺寸，建筑楼层地面高度尺寸，装饰天棚吊顶的跌级造型相互关系尺寸；

②表明墙面装饰造型的式样，用文字说明所需装饰材料及工艺要求；

③说明墙面与吊顶的衔接收口方式；

④表示门、窗、隔墙、装饰隔断物登设施的高度尺寸和安装尺寸。（图5-25）

5.2.6 剖面图制作

剖面图主要是反映室内空间的剖面情况。包括室内各空间的分隔情况，比立面图反映的内容更深入。剖面图一般使用在比较复杂的空间中，如复式楼、别墅、酒吧等处。（图5-26）

基本内容：

①表示装饰面或装饰形体本身的结构形式、材料情况与主要支撑构件的相互关系；

②表示某些构件、配件局部的详细尺寸、做法及施工要求；

③表示装饰结构或建筑结构之间详细的衔接尺寸与连接形式；

④表示装饰面之间的对接方式，详细表现出装饰面之收口、饰面材料与尺寸；

⑤表示装饰面上的设备安装方式或固定方法，装饰面与设备间的收口手边方式。

5.2.7 大样图制作

大样图又称为室内装饰节点大样图，大样图更能反映构筑物的构造细节、材料、尺寸、颜色等的基本情况。如家具造型图、装饰镜造型图等。（图5-27～图5-29）

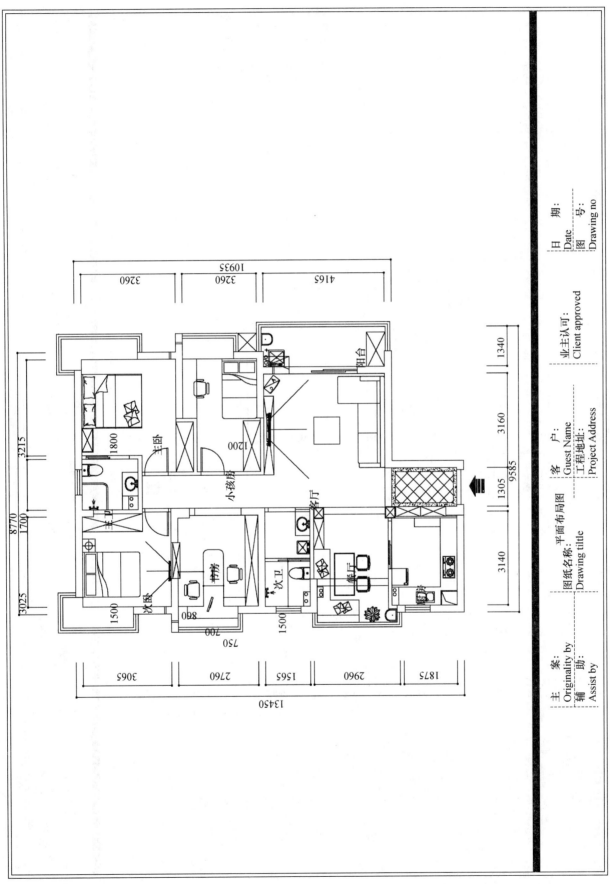

图5-21　平面布置图

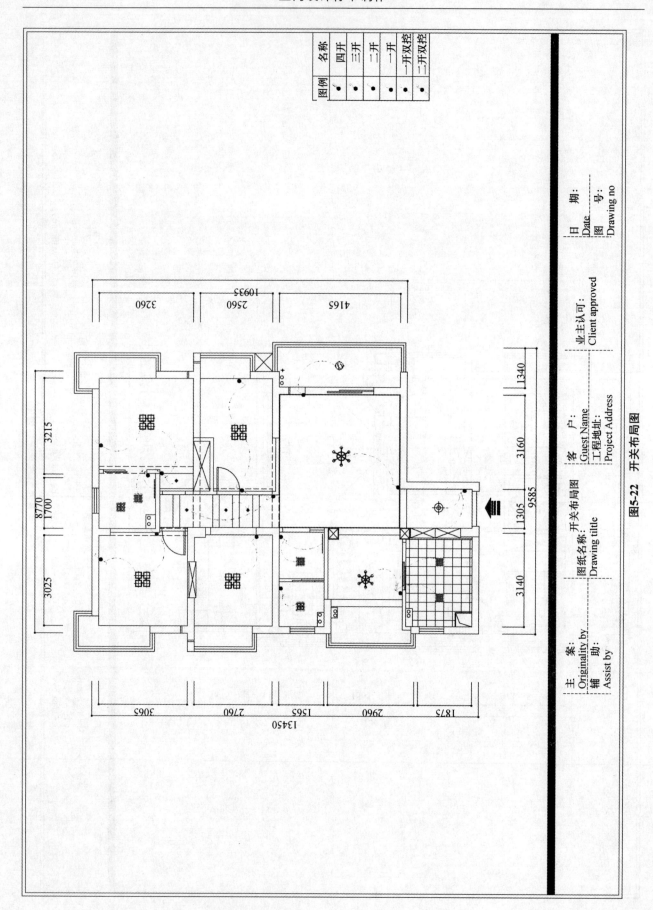

图例	名称
•	四开
•	三开
•	二开
•	一开
•	一开双控
•	二开双控

图5-22 开关布局图

主 案：
Originality by
辅 助：
Assist by

图纸名称：
Drawing tiltle
开关布局图

客 户：
Guest Name
工程地址：
Project Address

业主认可：
Client approved

日 期：
Date
图 号：
Drawing no

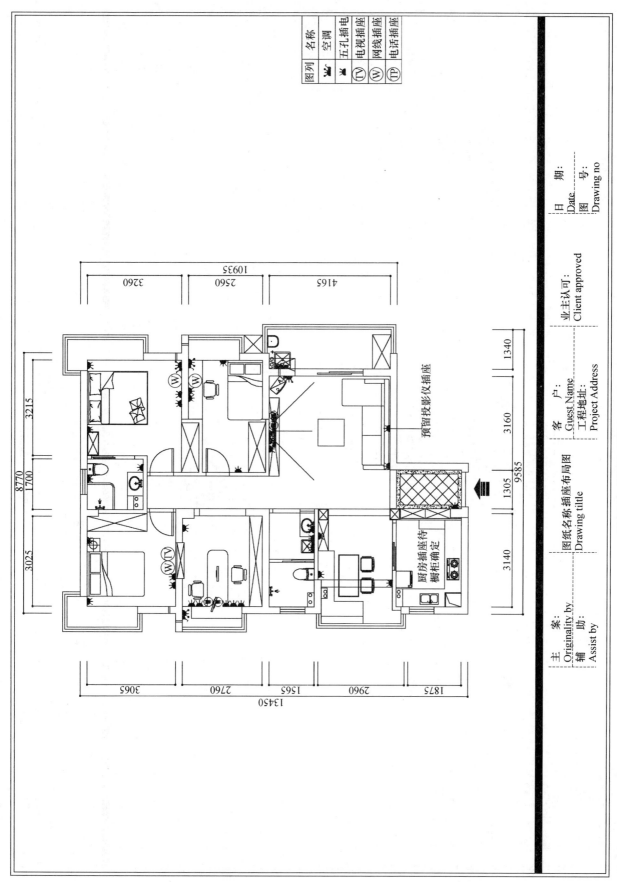

图5-23 插座布局图

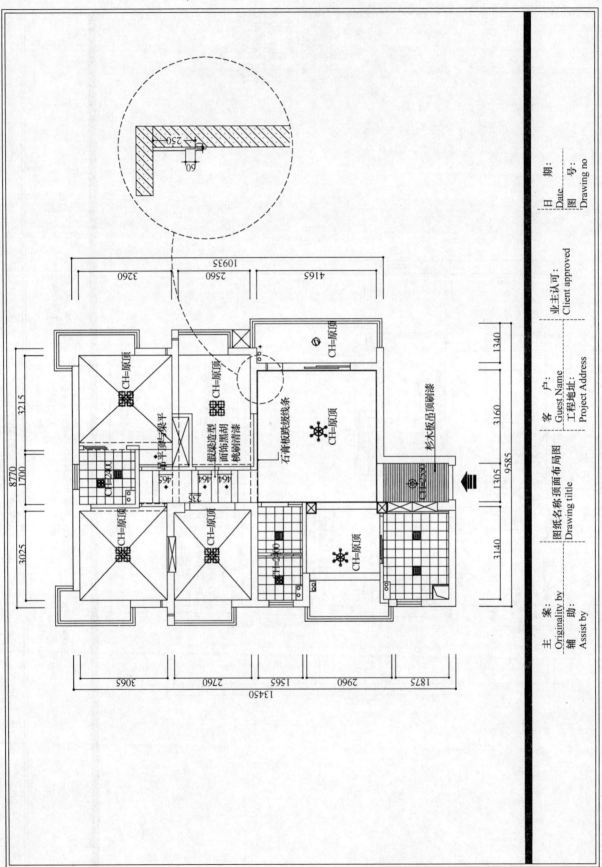

图5-24 顶面布局图

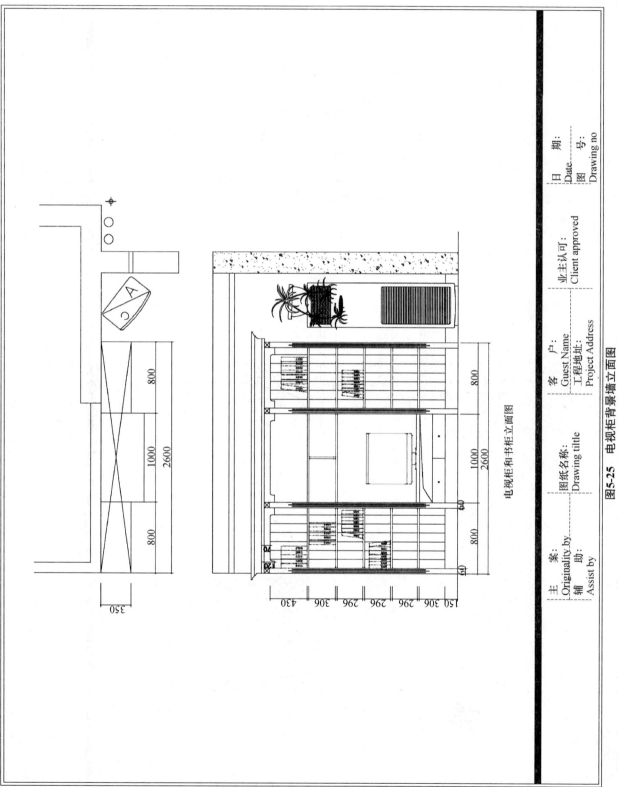

电视柜和书柜立面图

电视柜背景墙立面图

图5-25 电视柜背景立面图

客 户:
Guest Name
工程地址:
Project Address

图纸名称:
Drawing tiltle

业主认可:
Client approved

日 期:
Date
图 号:
Drawing no

主 案:
Originality by
辅 助:
Assist by

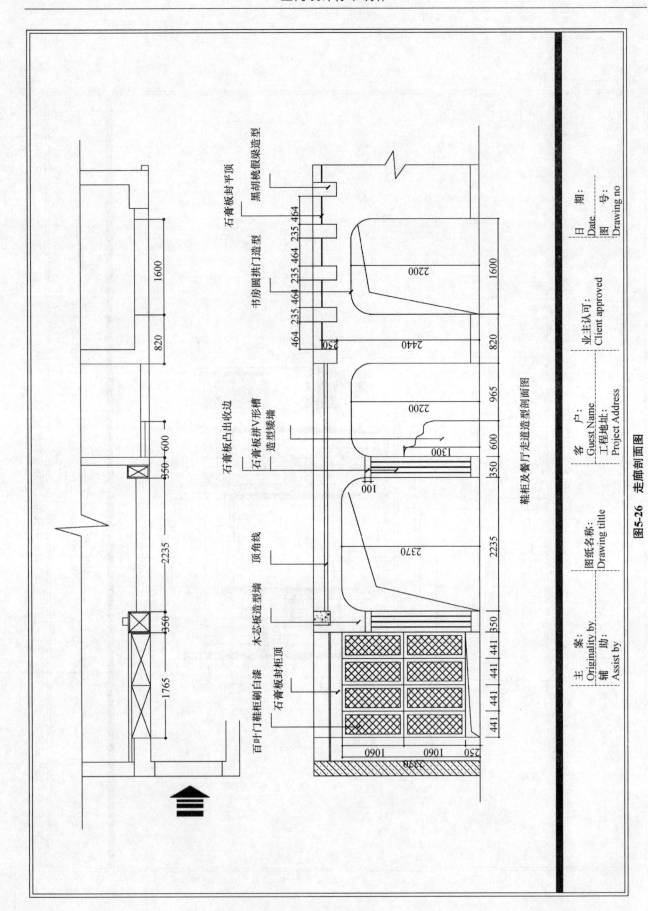

石膏板封平顶
黑胡桃假梁造型

书房圆拱门造型

石膏板凸出收边
石膏板排V形槽
造型矮墙

顶角线

木芯板造型墙

百叶门鞋柜刷白漆
石膏板封柜顶

鞋柜及餐厅走道造型剖面图

主　案：
Originality by
辅　助：
Assist by

图纸名称：
Drawing tiltle

客　户：
Guest Name
工程地址：
Project Address

业主认可：
Client approved

日　期：
Date
图　号：
Drawing no

图5-26 走廊剖面图

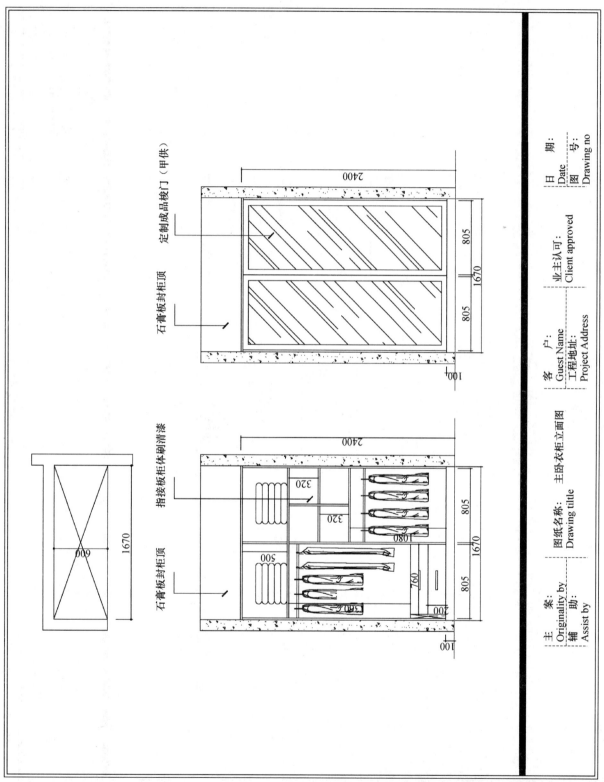

图5-27 衣柜大样图

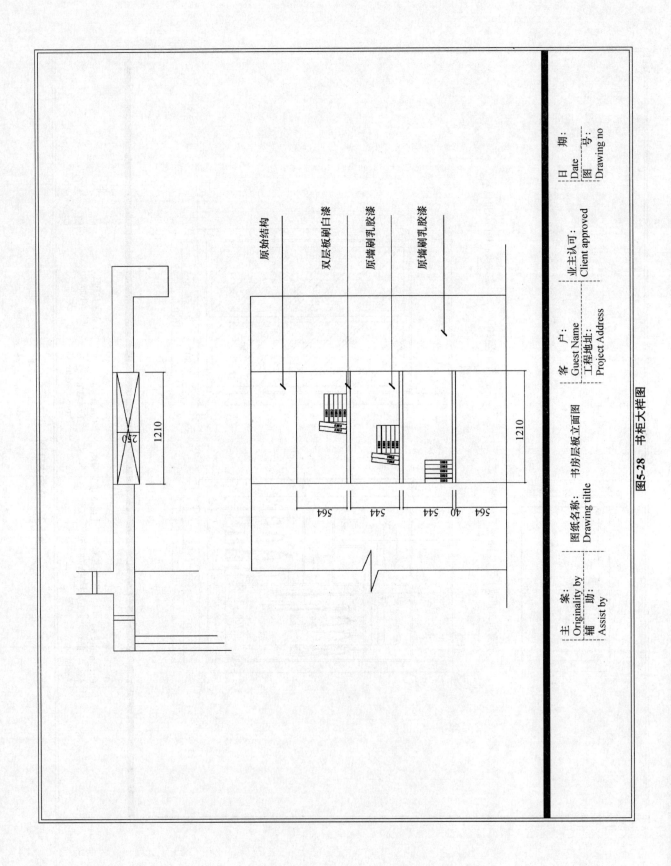

图5-28 书柜大样图

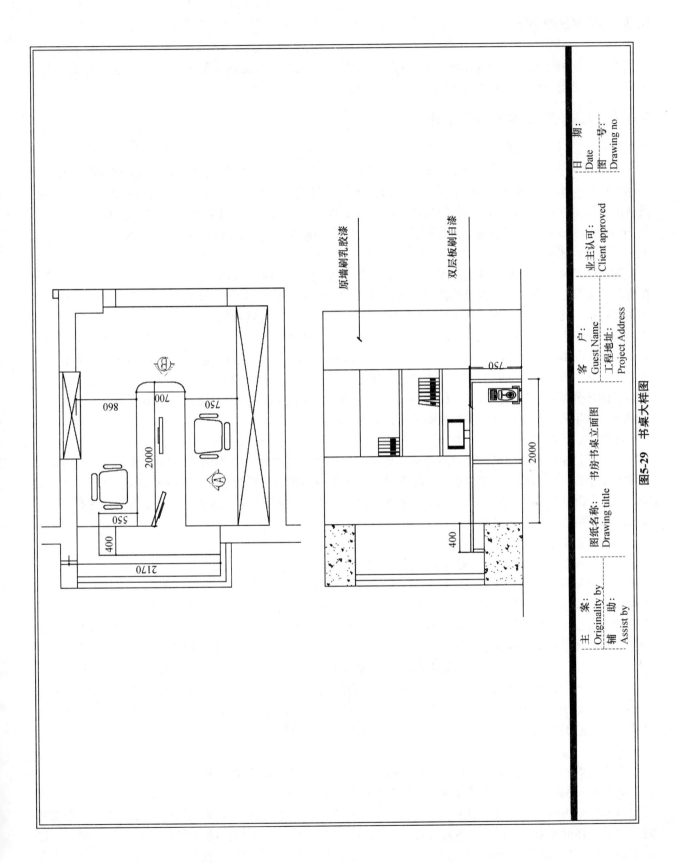

图5-29　书桌大样图

5.3 效果图制作

针对不同的甲方对室内设计标书的要求，在效果图表现时可以运用不同的表达方式进行表现。通常的表现方式是电脑渲染效果图和手绘的节点效果图。

5.3.1 电脑渲染效果图绘制步骤

步骤一：导入参照图

由于室内设计的三维效果图是方案模拟真实场景的反映，因此最好能精确建模，也就是模型的实际空间最好能与真实空间成等比例的关系，所以在制作效果图之最往往用 CAD 的平面图或天棚图作参照。具体的方法是在 CAD 软件中将所需要的图以 dxf 格式保存，然后在 3DMAX 中导入命令（file 下拉菜单下的 import 命令）输入参照图即可。注意输入后最好将其参照图群组（group），可方便作图。

步骤二：建模

这里的建模指的是建立数字化模型。主要是将所要表现的空间用虚拟模型来表示，建模中最好输入精确的几何参数，即实际空间及几何造型的尺寸或设计尺寸，这样作出来的效果图才有实际的指导意义和参考价值。建模时应使各部分的尺寸及交接位置准确无误，以便后期进行修改和调整。建模通常有 CAD 建模和 3D 建模，以 3D 建模最为普遍。室内设计效果图中在 3D 里通常的建模命令有 Loft 放样，Shape-Extrude 拉伸，Compoud-Boolean 布尔运算，polygon 建模。Loft 放样主要用来做楼梯扶手、天棚中的天花角线等。Shape-Extrude 拉伸可用来做门套窗套、门、窗、天棚造型等。Compoud-Boolean 布尔运算可用以墙体部分开挖门洞和窗洞等。Polygon 建模可用来建室内空间的整体模型。现在还有一种方法，直接用 Box 命令生成方形空间，反转法线即可得到室内空间。

步骤三：调整空间

主要通过摄像机命令来调整空间的透视角度，以使整张效果图有一个合理的空间透视感，并能在画面中突出室内空间造型设计的重点。在静止画面的效果图中常用目标摄像机（cameras-target）。一般通过 lens 命令来设置摄像机的焦距长度，FOV 命令来设定摄像机的视野角度。调整摄像机角度后在透视图中案 C 键即可用摄像机试图来观察。

步骤四：赋予材质

在 3DMAX 中常用的材质主要有透明材质、自发光材质、金属材质、线框材质、贴图材质。

透明材质多用来制作玻璃，如室内门、窗、及各种玻璃造型的材质。常通过调整材质球下的 opacity 参数来设置玻璃的透明度。自发光材质可用来制作灯光的实体，如吊灯、台灯、筒灯、射灯及高级乳胶漆。控制自发光效果的是 self-illumination 下的 colr 参数。线框材质可给网格状 9 物体赋予材质，如地砖的分缝线等。线框材质的制作需要将 wire 选框勾选，并设置 size 参数。贴图材质则运用得最为广泛，主要有木纹、砖纹、布纹等等。在室内效果图中制作地面材质时，往往要调整贴图材质下反射参数（reflec-tion），以使地面出现倒影效果。在使用材质时也可用建筑材质模板，把材质编辑器下的 standard 切换成 architectural 状态，下列列表中包含了瓷砖、织物、玻璃、金属、镜面、油漆、塑料、石材、木材、水等各类常用建材的模板，在此基础上，参数只是根据需要进行微调。

步骤五：灯光

在室内效果图中，如果灯光控制得好，则会使场景产生生动的明暗关系和丰富的光影效果，使效果图大为增色，同时灯光也是也是效果图制作中的重要环节。3DMAX 的灯光常用的主要聚光灯（Spot）、平行光（Direct Light）、泛光灯（Omni）、天光灯（SkyLight）、面光源（Area）几种。聚光灯是一个集中地、呈锥状体的光束，可以模拟各种灯光，在室内效果图中常用作整体照明（主光源）或局部照明（装饰画或装饰造型的射灯光源）。平行光的光束是圆柱体或棱柱体，主要用来模拟阳光。自由平行光则多用于动画制作。泛光灯是均匀地向四周散发线的点光源，可用于场景中的辅助光源，或者模拟点光源，如白炽灯。天光灯则用来模拟室外天光效果将 Cast Shadow 打开时，天光灯可以投射较淡的阴影。面光源可支持全局光照或聚光等功能，与泛光灯相比，是从光源周围的一个较宽阔的区域内发光，并生成边缘柔和的阴影，可大大加强渲染场景的真实感。

步骤六：渲染

当室内模型调整角度，赋予灯光和材质后，需要将角度渲染成图片，以便检验效果图并用后期处理。渲染这一环节直接影响着出图质量，且是后期处理的基础和依据。在 3D 里渲染主要有快速渲染和渲染场景两大命令，快速渲染是一种即时察看效果的命令，渲染场景则可以以 TIF 格式保存，用以输出。在场景渲染中有个关键，一是在输出尺寸（output size）中设置图像的宽和高，若要以 A4 图输出，则图像的宽和高设置到 3200×2400 像素，若以 A3 图幅输出，并选中 files 按钮，给渲染的文件命名并指定路径。

步骤七：后期处理

室内设计的效果图一般是在 photoshop 软件里进行后期处理，图像的修整合配景的贴图都是在这一步骤里完成的。对效果图而言，后期处理往往起着画龙点睛的作用。对色调和光影的调整取决于设计的色彩与素描的功底，而对配景图片的选择也体现了设计者对效果图和风格的整体把握能力。（图 5-30 ~ 图 5-34）

图 5-30　客厅 3D 渲染效果图

图 5-31　卧室 3D 渲染效果图

图 5-32　餐厅 3D 渲染效果图

图 5-33　客厅 3D 渲染效果图

图 5-34　卧室 3D 渲染效果图

5.3.2　手绘的节点效果图绘制步骤

步骤一：铅笔起稿，主要把画面的构图、透视关系、主要物体的外观进行初步绘画，同时可以使用橡皮进行修改、调整。

　　步骤二：针管笔勾线，在铅笔稿的基础上，深入刻画。主要把画面中的地面铺装、墙体分隔、顶棚装饰、家具摆件、电器设施、窗帘布艺等依次绘制出来。

　　步骤三：马克笔上色，主要运用不同色彩的马克笔、以排列的笔触表现出画面中物体颜色。注意：马克笔上色时颜色要由浅至深、笔触要注意处理。

　　步骤四：色彩铅笔细节处理，使用彩色铅笔对画面进行细节处理。如：表现墙体、家具的质感，地面铺装的质感等。（图5-35～图5-39）

图5-35　店面手绘

图5-36　客厅手绘

图5-37　店面手绘

图5-38　卧室手绘

图5-39　餐厅手绘

5.4　分析图制作

　　为了能够制作一份优秀的室内设计标书，设计人员应在制作设计项目时，全面分析该项目的各项设计依据。通过室内设计分析图让人们全面理解整个设计的功能性、经济性、舒适性、美观性。标书分析图包含：功能分析图、照明分析图、地面铺装分析图、走道分析图等。

功能分析图：功能分析图就是把室内设计项目中的会客区、进餐区、休息区、学习区、走道交通区等有机地、巧妙地结合起来，一个出色的功能分析图必能打动客户的心。制作方式：在平面布置图上通过不同色块来表现不同区域。（图5-40）

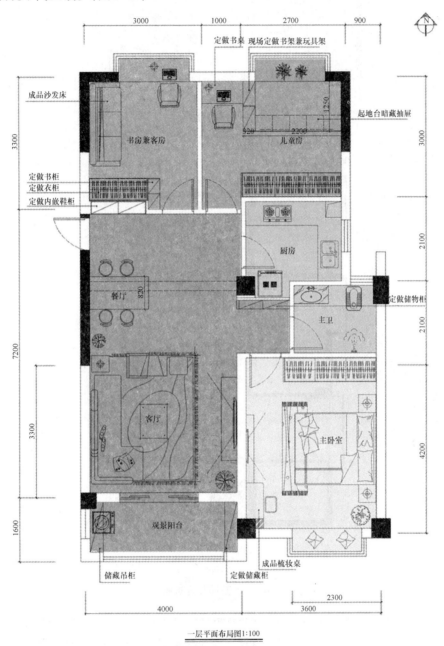

一层平面布局图1:100

图 5-40 彩色功能分析图

照明分析图：制作室内设计标书时，必须在整个项目的标书方案中，做出照明分析图。它包括了日光灯照明区、黄光灯照明区、彩色荧光灯照明区等。制作方式：在平面布置图上通过不同色环来表现不同区域。（图5-41）

地面铺装分析图：是指室内空间各个区域的地面铺装材料分析，如大理石、地砖、地板等材料在地面铺装的具体造型与面积大小。制作方式：在平面布置图上按面积大小准确的绘制出各种地面铺装材料。（图5-42）

走道分析图：作为一个室内设计项目，连接各个空间必须有完善的走动线路。具体包括：由门厅入口到各个不同空间的交通流向。制作方式：在平面布置图上通过箭头与粗虚线来表现。（图5-43）

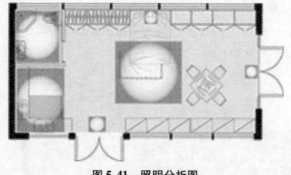

图5-41　照明分析图

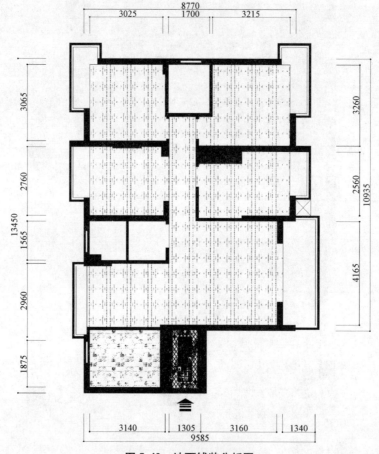

图5-42　地面铺装分析图

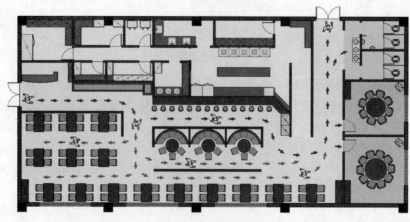

图5-43　交通走道分析图

第六章 室内设计标书的装饰材料详解

本章将按照表6-1中的分类，详细介绍室内装饰材料的各种品牌、规格、样式、用途、市场价格及选购方法，方便读者尽快掌握室内设计标书制作的装饰材料性能与报价，为后期预算制作打下坚实基础。

表6-1 室内装饰材料的分类表

软硬材料类别	具体类别	种 类
硬装材料类	装饰石材	花岗石、大理石、人造石
	装饰陶瓷	通体砖、抛光石、釉面砖、玻化砖、陶瓷马赛克
	装饰骨架材料与装饰线条	木龙骨、轻钢龙骨、铝合金骨架、塑钢骨架、木线条、石膏线条、金属线条
	装饰板材	木芯板、胶合板、贴面板、纤维板、刨花板、人造装饰板、防火板、铝塑板、吊顶扣板、石膏板、矿棉板、阳光板、彩钢板、不锈钢装饰板
	装饰涂料	清油清漆、厚漆、调和漆、硝基漆、防锈漆、乳胶漆、石质漆
	胶凝材料	水泥、白乳胶、801胶、816胶、粉末壁纸胶、玻璃胶
	装饰地板	实木拼花地板、实木复合地板、人造板地板、复合强化地板、薄木敷贴地板、立木拼花地板、集成地板、竹质条状地板、竹质拼花地板
	装饰五金配件	门锁拉手、合页铰链、滑轨道、开关插座面板
	装饰门窗	实木门、实木复合门、模压木门、塑钢门窗
	管线材料	电线、铝塑复合管、PPR给水管、PVC排水管
软装材料类	装饰纤维制品	地毯、墙布、窗帘、家具覆饰、床上用品、巾类织物、餐厨类纺织品、纤维工艺品
	装饰灯具	吊灯、吸顶灯、筒灯、射灯、壁灯、软管灯带
	卫生洁具	洗面盆、抽水马桶、浴缸、淋浴房、水龙头、水槽
	电器设备	热水器、浴霸、抽油烟机、整体橱柜
	装饰玻璃	平板玻璃、磨砂玻璃、压花玻璃、夹层玻璃、钢化玻璃、中空玻璃、雕花玻璃、玻璃砖、泡沫玻璃、镭射玻璃

6.1 硬装材料详解

室内硬装材料主要为室内装饰的前期主要建材。本节详细介绍室内各种常用硬装材料，方便读者全面掌握硬装材料的品牌、规格、样式、用途及市场价格。

6.1.1 装饰石材

1. 花岗岩

花岗石在室内一般应用于墙、柱、楼梯踏步、地面、厨房台柜面、窗台面的铺贴。花岗石的大小可随意

加工，用于铺设室内地面的厚度为20～30mm，铺设家具台柜的厚度为18～20mm等。(图6-1、图6-2)

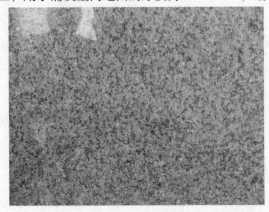

图6-1 花岗石

图6-2 花岗石台面

2. 大理石

大理石多用于宾馆、酒店大堂、会所、展厅、商场、机场、娱乐场所、部分居住环境等室内墙面、地面、楼梯踏板、栏板、台面、窗台板、踏脚板等，也用于家具台面和室内外家具。(图6-3、图6-4)

图6-3 大理石

图6-4 大理石地面

3. 人造石材

人造石材主要用于室内地面、窗台板、踢脚板等装饰部位。它具有轻质、高强、耐污染、多品种、生成工艺简单、易加工、色泽丰富等特点，其经济性、选择性等均优于天然石材的饰面材料。(图6-5、图6-6)

图6-5 人造石材

图6-6 人造石材餐厅台面

装饰石材的选购方法：

在众多材料中，石材的运用是较为普遍的。但是，目前市场上石材产品质量却良莠不齐。如不具备选购石材的一些基本知识，消费者在购买过程中极有可能上当受骗。

1）注意事项

（1）优质装饰石材的外观完全没有或少许具有缺棱、缺角、裂纹、色斑等质量缺陷，缺陷越多，则质量级别越低，价格也越便宜；在选购时，应检查同一批次板材的花纹、色泽是否一致，不应有很大色差，否则会影响装饰效果；可用手感觉石材表面光洁度，纯天然石材表面应冰凉刺骨，纹理清晰，抛光平整，无裂纹。

（2）作为一种天然物质，放射性元素铀、镭、钍、钾-40也是石材的成分之一。优质天然石材应具备石材放射性检测合格报告，可向销售商索取核实。A类产品与使用范围不受限制；B类不可用于民用建筑内饰面；C类只能用于建筑物的外饰面及室外。但目前石材市场中大部分的石材没有经过放射性检验，包装上更没有A、B、C分类标志。所以，防止石材放射性辐射危害的最有效方法是使用经过检验的石材。

同时，还应该注意检验报告的日期。同一品种的石材因其矿点、矿层、产地的不同，其放射性都存在很大的差异，如灰点麻花岗石经过多次检测，外照射指数范围为0.49~0.98，安溪红花岗石经过多次检测，外照射指数范围为0.57~0.91，差异都在一倍以上，甚至还有一些放射性较高的石材，经过多次测量，其放射性从A类可以到B类甚至超过C类，如石岛红花岗石，外照射指数范围为0.55~1.33；印度红花岗石，外照射指数范围为0.46~1.93；皇室啡花岗石，外照射指数范围为0.29~3.50。所以，消费者在选择或使用石材时不能单一只看其一份检验报告，尤其是工程上大批量使用时，应分批或分阶段多次检测。

（3）在购买石材产品前，一定要与供应商签订产品购销合同或索要发票，明确产品的名称、规格、等级、数量、价格等标的内容及质量保证条款；由于利润驱使，市面上销售的某些天然石材是经过人工染色的廉价石材，在使用一年左右就会露出真面孔，最明显的是英国棕和大花绿，多数为染色而成，其真实价格与天然石材相差5~10倍，甚至更高。

（4）消费者在选购时，重点都放在了石材的外观上，如石材的颜色、花纹等。但有时放射性的大小与石材的颜色或多或少会有关联。如深红色、深绿色的石材放射性偏高的可能性较大，而白、黑、米黄色等颜色通常会低一些。当然，放射性的高低应以检测报告为准，不能仅以颜色做判断。

（5）优等品的板材，长、宽偏差小于1mm，厚度小于0.5mm，平面极限公差小于0.2mm，角度误差小于0.4mm。

2）基本购买步骤

（1）观，即肉眼观察石材的表面结构。一般说来，均匀细料结构的石材具有细腻的质感，为石材之佳品；粗粒及不等粒结构的石材外观效果较差，机械力学性能也不均匀，质量稍差。

（2）量，即量石材的尺寸规格，以免影响拼接，或造成拼接后的图案、花纹、线条变形，影响装饰效果。

（3）听，即听石材的敲击声音。一般而言，质量好、内部致密均匀且无显微裂隙的石材，其敲击声清脆悦耳；相反，若石材内部存在显微裂隙或细脉或因风化导致颗粒间接触变松，则敲击声粗哑。

（4）试，即用简单的试验方法来检验石材质量好坏。通常在石材的背面滴上一小滴墨水，如墨水很快四处分散浸出，即表示石材内部颗粒较松或存在显微裂隙，石材质量不好；反之，若墨水滴在原处不动，则说明石材致密，质地好。

3）防止假冒伪劣产品

一些不法商贩为了牟取暴利，在经营过程中采取了一些不正当手段蒙骗顾客，给顾客带来损失和不必要的麻烦，不法商贩的手段大致有以下几种：

（1）以次充好，即订合同时与客户订高等产品，而供货时却鱼目混珠，甚至趁客户不注意、不在场时将次品混入。

（2）以普通品种冒充名优品种，以国产品种冒充进口品种。

（3）复制检验报告，移花接木，将他人检验结论用于自己的石材产品；或干脆自己弄虚作假，擅自出具检验报告。

6.1.2 装饰陶瓷

1. 釉面砖

釉面砖主要用于厨房、浴室、卫生间、医院等内墙面和地面，可使室内空间具有独特的卫生、易清洗和装饰美观的效果。（图6-7）

釉面砖的选购方法：

（1）在光线充足的环境中把釉面砖放在离视线半米的距离外，观察其表面有无开裂和釉裂，然后把釉面砖反转过来，看其背面有无磕碰情况，只要不影响正常使用，有些磕碰也可以。但如果侧面有裂纹，而且占釉面砖本身厚度一半或一半以上的时候，此砖就不宜使用了。

（2）随便拿起一块釉面砖，然后用手指轻轻敲击釉面砖的各个位置，如声音一致，则说明内部没有空鼓，夹层；如果声音有差异，则可认定此砖为不合格产品。

（3）选购有正式厂名、商标及检测报告等的正规合格釉面砖。

釉面砖的应用非常广泛，但不宜用于室外。因为室外的环境比较潮湿，而此时釉面砖就会吸收水分，产生湿胀，其湿胀应力大于釉层的抗张应力时，釉层就会产生裂纹。所以，釉面砖主要用于室内的厨房、浴室、卫生间。

图6-7 卫生间墙壁釉面砖

图6-8 客厅入口地面通体砖

2. 通体砖

通体砖是一种耐磨砖，种类不多，花色比较单一。但目前的室内设计越来越倾向于素色设计，所以通体砖也成为一种时尚。被广泛使用于厅堂、过道和室外走道等装修项目的地面中。（图6-8）

3. 仿古砖

仿古砖以仿木、仿石材、仿皮革为主，也有仿植物花草、仿几何图案、仿织物、仿墙纸、仿金属等。主要适用于厅堂、卫生间、厨房等墙地面。（图6-9）

图6-9 餐厅地面复古砖

图6-10 展示店地面抛光砖

4. 抛光砖

抛光砖主要应用于室内的墙面和地面，其表面平滑光亮，薄轻但坚硬。但由于抛光砖本身易脏，因此要多加注意。常被使用在家居的客厅、餐厅和玄关处。（图6-10）

抛光砖的选购方法：

抛光砖表面应光泽亮丽，无划痕、色斑、漏抛、漏磨、缺边、缺角等缺陷。把几块砖拼放在一起应没有明显色差，砖体表面无针孔、黑点、划痕等瑕疵。

（1）注意观察抛光砖的镜面效果是否强烈，越光的产品硬度越好，玻化程度越高，烧结度越好，而吸水率就越低。

（2）用手指轻敲砖体，若声音清脆，则瓷化程度高，耐磨性强，抗折强度高，吸水率低，且不易受污染；若声音混哑，则瓷化程度低（甚至存在裂纹），耐磨性差，抗折强度低，吸水率高，极易受污染。

（3）以少量墨汁或带颜色的水溶液倒于砖面，静置两分钟，然后用水冲洗或用布擦拭，看残留痕迹是否明显；如只有少许残留痕迹，则证明砖体吸水率低，抗污性好，理化性能佳；如果明显或严重痕迹，则证明砖体玻化程度低，质量低劣。

5. 玻化砖

玻化砖主要应用于星级宾馆、银行、大型商场、高级别墅和住宅楼的墙体、柱体、梯阶及栏杆等的室内装饰装修。（图6-11）

图6-11　办公室地面玻化砖

图6-12　卫生间墙面马赛克

6. 马赛克

马赛克色彩丰富，也可用各种颜色搭配拼贴成自己喜欢的图案，镶嵌在墙上可以作为背景墙等。其主要应用于桑拿、会所、卫生间、卧室、客厅等。（图6-12）

马赛克的选购方法：

（1）在自然光线下，距马赛克半米目测有无裂纹、疵点及缺边、缺角现象，如内含装饰物，其分布面积应占面积的20%以上，并且分布均匀。

（2）马赛克的背面应有锯齿状或阶梯状沟纹。选用的粘贴剂，除保证粘贴强度外，还应易清洗。此外，粘贴剂还不能损坏背纸或使玻璃马赛克变色。

（3）抚摸其釉面应可以感觉到防滑度，然后看厚度，厚度决定密度，密度高才吸水率低，吸水率低是保证马赛克持久耐用的重要因素。可以把水滴到马赛克的背面，水滴往外溢的质量好，往下渗的质量差。另外，内层中间打釉通常是品质好的马赛克。

（4）选购时要注意颗粒之间是否同等规格，大小一样，每小颗粒边沿是否整齐，将单片马赛克置于水平地面检验是否平整，单片马赛克背面是否有太厚的乳胶层。

（5）品质好的马赛克包装箱表面应印有产品名称、厂名、注册商标、生产日期、色号、规格、数量和重量（毛重、净重），并应印有防潮、易碎、堆放方向等标志。

6.1.3 装饰骨架材料与装饰线条

1. 木龙骨

木龙骨架又称为木方，主要由树木加工成截面为长方形或方形的木条，一般用于吊顶、隔墙、实木地板铺设等处。（图6-13）

木龙骨的选购方法：

通常情况下，我们多选用杉木作基层木龙骨，因为它的木质略带清香，纹理较密，弹性好，不易腐烂，耐得住螺钉，圆钉钉而不裂。

（1）新鲜的木方略带红色，纹理清晰，如果其色彩呈暗黄色，无光泽，说明是朽木。

（2）看所选木方横切面大小的规格是否符合要求，头尾是否光滑、均匀，不能大小不一。

（3）看木方是否平直，如果有弯曲也只能是顺弯，不许呈波浪弯；否则使用后容易引起结构变形、翘曲。

（4）要选木节较少、较小的杉木方。如果木节大而且多，钉子、螺钉在木节处会拧不进去或者钉断木方，会导致结构不牢固，而且容易从木节处断裂。

（5）要选没有树皮、虫眼的木方。树皮是寄生虫栖身之地，有树皮的木方易生蛀虫，有虫眼的也不能使用。如果这类木方用在装修中，蛀虫会吃掉所有能吃的木质。

（6）要选密度大的木方。用手拿有沉重感，用手指甲抠不会有明显的痕迹，用手压木方有弹性，弯曲后容易复原，不会断裂。

（7）最好选择加工结束时间长一些，并且不是露天存放的，这样的龙骨比刚刚加工完的，含水率相对会低一些。

图6-13 木骨架

图6-14 轻钢龙骨

2. 轻钢龙骨

轻钢龙骨是镀锌钢带或薄钢板材轧制经冷弯或冲压而成。它具有强度高、耐火性好、安装简易、实用性强等特点。一般用于吊顶、墙体等处铺设。（图6-14）

轻钢龙骨的选购方法：

（1）轻钢龙骨外形要笔直、平整、棱角清晰，没有破损或凹凸等瑕疵，在切口处不允许有毛刺和变形而影响使用。

（2）轻钢龙骨外表的镀锌层不允许有起皮、起瘤、脱落等质量缺陷。

（3）优等品不允许有腐蚀、损伤、黑斑、麻点；一等品或合格品要求没有比较严重的腐蚀、损伤、黑斑、麻点，且面积不大于$1cm^2$的黑斑每米内不多于三处。

（4）家庭吊顶轻钢龙骨主龙骨采用 50 系列完全够用，其镀锌板材的壁厚不应小于 1mm。不要轻信商家"规格大质量才好"的谎言。

3. 铝合金龙骨

铝合金龙骨一般为 T 形，根据面板的安装方式不同，分为龙骨底面外露和不外露两种，并有专用配件供安装时使用。铝合金龙骨具有质地牢固、坚硬、色泽美观、不生锈等优点。一般用于吊顶、墙体等处铺设。（图 6-15）

铝合金龙骨的选购方法：

在选购铝合金龙骨时，一定要注意其硬度和韧度。因为铝合金龙骨的硬度和韧度比轻钢龙骨高，如达不到硬度标准，容易造成天花板在安装过程中下沉、变形，还不如选择轻钢龙骨；但其缺点是成本偏高。

图 6-15　铝合金龙骨

4. 木线

木质线条造型丰富、式样雅致、做工精细。从形态上，一般分为平板线条、圆角线条、槽板线条等。主要用于木质工程中的封边和收口，可以与顶面、墙面和地面完美的配合，也可用于门窗套、家具边角、独立造型等构造的封装修饰。（图 6-16）

图 6-16　木线条装饰

木线的选购方法：

（1）选择合格证、正规标签、电脑条码三者齐全的产品，并可向经销商索取检验报告。

（2）选购木制装饰线条时，应注意含水率必须达 11% ~ 12%。

（3）木线分未上漆木线和上漆木线。选购未上漆木线，应首先看整根木线是否光洁、平实，手感是否顺滑，有无毛刺。尤其要注意木线是否有节子、开裂、腐朽、虫眼等现象；选购上漆木线，可以从背面辨别木质，毛刺多少，仔细观察漆面的光洁度，上漆是否均匀，色度是否统一，有否色差、变色等现象。

（4）提防以次充好。木线也分为清油木线和混油木线两类。清油木线对材质要求较高，市场售价也比较低。

季节不同，购买木线时也要注意。夏季时，尽量不要在下雨或雨后一两天内购买；冬季时，木线在室温下会脱水，产生收缩变形，购买时尺寸要略宽于所需木线宽。

5. 石膏线

石膏线条以石膏为主，加入骨胶、麻丝、纸筋等纤维，增强石膏的强度，用于室内墙体构造角线、柱体的装饰。由于石膏线的技术门槛低，所以在购买时对于是否是品牌的问题可以忽略不计。目前公认较好的石膏线品牌是太平洋，但价格比较高，常用的一般从 20 元至 60 元不等。其他牌子的石膏线，由低到高，从 5 元到 15 元不等。（图 6-17）

石膏线的选购方法：

（1）选择石膏线最好看其表面，成品石膏线内要铺数层纤维网，这样的石膏附着在纤维网上，就会增加石膏线的强度。劣质石膏线内铺网的质量差，不满铺或层数很少，甚至以草、布代替，这样都会减弱石膏线的附着力，影响石膏线质量，而且容易出现边角破裂，甚至断裂。

（2）看图案花纹的深浅。一般石膏线的浮雕花纹凹凸应在 10mm 以上，并且制作精细。因为在安装完毕后，还需要经表面的刷漆处理，由于其属于浮雕性质，表面的涂料占有一定的厚度，如果浮雕花纹的凹凸小于 10mm，那么装饰出来的效果很难保证有立体感，就好似一块平板，从而失去了安装石膏线的意义。

（3）看表面的光洁度。由于安装石膏线后，在刷漆时不能再进行打磨等处理，因此对表面光洁度的要求较高。只有表面细腻，手感光滑的石膏线安装刷漆后，才会有好的装饰效果。如果表面粗糙，不光滑，安装刷漆后就会给人一种粗糙、破旧的感觉。

（4）看产品厚薄。石膏属于气密性胶凝材料，因此石膏线必须具有相应厚度，才能保证其分子间的亲和力达到最佳程度，从而保证一定的使用年限和在使用期内的完整、安全。如果石膏线过薄，不仅使用年限短，而且容易造成安全隐患。

（5）看价格高低。由于石膏线的加工属于普及性产业，相对的利润差价不是很高，所以可说是一分钱一分货。与优质石膏线的价格相比，低劣的石膏线价格便宜 1/3 至 1/2。这一低廉价格虽对用户具有吸引力，但往往在安装使用后便明显露出缺陷，造成遗憾。

图 6-17　石膏线

图 6-18　金属线条

6. 金属线条

金属线条种类繁多，价格偏高，一般使用铁、铜、不锈钢、铝合金等装饰性强的金属材料制作。金属线条具有防火、轻质、高强度、耐磨等特点，其表面一般经氧化着色处理，可制成各种不同的颜色。金属线条在室内装修中用于局部的装饰，如铁艺门窗、不锈钢楼梯扶手、家具边角、装饰画框等。（图 6-18）

6.1.4　装饰板材

1. 细木工板

细木工板又称为大芯板、木芯板。主要应用于室内装饰装修中，可用作各种家具、门窗套、暖气罩、窗帘盒、隔墙及基层骨架制作等。（图 6-19）

细木工板的选购方法：

（1）细木工板的质量等级分为优等品、一等品和合格品。细木工板出厂前，应在每张板背右下角加盖不褪色的油墨标记，表明产品的类别、等级、生产厂代号、检验员代号；类别标记应当标明室内、室外字样。如果这些信息没有或者不清晰，消费者就要注意了。

（2）外观观察，挑选表明平整、节疤，起皮少的板材；观察板面是否有起翘、弯曲，有无鼓包、凹陷等；观察板材周边有无补胶、补腻子现象。查看芯条排列是否均匀整齐，缝隙越小越好。板芯的宽度不能超过厚度2.5倍，否则容易变形。

（3）用手触摸，展开手掌，轻轻平抚木芯板板面，如感觉到有毛刺扎手，则表明质量不高。

（4）用双手将细木工板一侧抬起，上下抖动，倾听是否有木粒拉伸断裂的声音，有则说明内部缝隙较大，空洞较多。优质的细木工板应有一种整体感、厚重感。

（5）从侧面拦腰锯开后，观察板芯的木材质量是否均匀整齐，有无腐朽、断裂、虫孔等，实木条之间缝隙是否较大。

（6）将鼻子贴近细木工板剖开截面处，闻一闻是否有强烈刺激性气味。如果细木工板散发清香的木材气味，说明甲醛释放量较少；如果气味刺鼻，说明甲醛释放量较多，还是不要购买。

（7）在购买后，装车时要注意检查装车的细木工板是否与销售时所看到的样品一致，防止不法商家"偷梁换柱"。

（8）要防止个别商家为了销售伪劣产品有意E1级和E2级的界限。细木工板根据其有害物质分为E1级和E2级两类，其有害物质主要是甲醛。家庭装饰装修只能使用E1级的细木工板，E2级的细木工板即使是合格产品，其甲醛含量也可能要超过E1级大芯板三倍多。

（9）向商家索取细木工板检查报告和质量检验合格证等文件。细木工板的甲醛含量应不大于1.5mg/L，才可直接用于室内，而甲醛含量不大于5mg/L的细木工板必须经过饰面处理后才允许用于室内。所以，购买时一定要问清楚是不是符合国家室内装饰材料标准，并且在发票上注明。

图6-19 木芯板

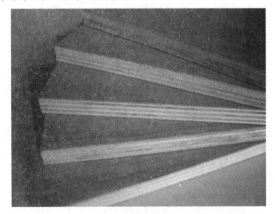

图6-20 胶合板

2. 胶合板

胶合板是由木段旋切成单板或木方刨成薄木，再用胶粘剂胶合而成的三层或三层以上的板状材料。由于胶合板有变形小、施工方便、不翘曲、横纹抗拉力学性能好等优点，在室内装修中胶合板主要用于木质制品的背板、底板等。（图6-20）

胶合板的选购方法：

（1）胶合板要木纹清晰，正面光洁平滑，不毛糙，要平整无滞手感。夹板有正反两面的区别。

（2）胶合板不应有破损、碰伤、硬伤、节疤等疵点。长度在15mm之内的树脂囊，黑色灰皮每平方米少于4个；长度在150mm、宽度在10mm的树脂囊每平方米要少于4条；角质节（活节）的数量要少于5个，且面积小于15mm²；没有密集的发丝干裂现象以及超过200mm乘以0.5mm的裂缝。

（3）双手提起胶合板一侧，能感受到板材是否平整、均匀、无弯曲起翘的张力。

（4）个别胶合板是将两个不同纹路的单贴板一起制成的，所以要注意胶合板拼缝处是否严密，是否有高低不平现象。

（5）要注意已经散胶的胶合板。如果手敲胶合板各部位时，声音发脆，则证明质量良好。若声音发闷，则表示胶合板已出现散胶现象。或用一根50cm左右的木棒，将胶合板提起轻轻敲打各部位，声音匀称、清脆的基本上是上等板；如发出"壳壳"的哑声，就很可能是因脱胶或鼓泡等引起的内在质量毛病。这种板只能当里衬板或顶底板用，不能作为面料。

（6）胶合板应该没有明显的变色及色差，颜色统一，纹理一致。注意是否有腐朽变质现象。

（7）挑选时，要注意木材色泽与油漆颜色相协调。一般水曲柳，椴木夹板为淡黄色，荸荠色家具都可，但柳安夹板有深浅之分，浅色涂饰没有什么问题，深色的只可制作荸荠色家具，而不宜制作淡黄色家具，否则家具色泽发暗。尽管深色可用氨水洗一下，但处理后效果不够理想，家具使用数年后，色泽仍会变色发深。

（8）向商家索取胶合板检测报告和质量合格证等文件，胶合板的甲醛含量应不大于 1.5mg/L，才可直接用于室内，而甲醛含量不大于 5mg/L 的胶合板必须经过饰面处理后才允许用于室内。

3. 薄木贴面板

薄木贴面板又称为装饰饰面板。其具有花纹美观、装饰性好、真实感强、立体感突出等特点。可用于门、家具、墙面，也可用于墙壁、木质门、家具、踢脚线等处。（图 6-21）

薄木贴面板的选购方法：

（1）观察贴面（表皮），看贴面的厚薄程度，越厚的性能越好，油漆后实木感越真，纹理也越清晰，色泽鲜明饱和度好。

（2）天然板和科技板的区别：前者为天然木质花纹，纹理图案自然变异性比较大，无规则；而后者的纹理基本为通直纹理，纹理图案有规则。

（3）装饰性要好，其外观应有较好的美感，材质要细致均匀，色泽清晰，木色相近，木纹美观。

（4）表面应无明显瑕疵，其表面光洁，无毛刺沟痕和刨刀痕；应无透胶现象和板面污染现象；表面有裂纹裂缝、节子、夹皮、树脂囊和树胶道的尽量不要选择。

（5）无开胶现象，胶层结构稳定。要注意表面单板与基材之间，基材内部各层之间不能出现鼓包、分层现象。

（6）要选择甲醛释放量低的板材。可用鼻子闻，气味越大，说明甲醛释放量越高，污染越厉害，危害性越大。

（7）应购买有明确厂名、厂址、商标的产品，并向商家索取检测报告和质量检验合格证等文件。

图 6-21　薄木贴面板

图 6-22　纤维板

4. 纤维板

纤维板又称为密度板。其结构均匀，板面平滑细腻，容易进行各种室内饰面处理。一般分为低密度板、中密度板、高密度板。室内装饰中一般使用中密度板。（图 6-22）

纤维板的选购方法：

（1）纤维板应厚度均匀，板面平整、光滑，没有污渍、水渍、粘迹。四周板面细密、结实，不起毛边。

（2）注意吸水厚度膨胀率。如不合格将使纤维板在使用中出现受潮变形甚至松脱等现象，使其抵抗受潮变形的能力减弱。

（3）用手敲击板面，声音清脆悦耳，均匀的纤维板质量较好。声音发闷，则可能发生了散胶问题。

（4）注意甲醛释放量超标。纤维板生产中普遍使用的胶粘剂是以甲醛为原料生产的，这种胶粘剂中总会残留有反应不完全的游离甲醛，这就是纤维板产品中甲醛释放的主要来源。甲醛对人体黏膜，特别是呼吸系统具有强刺激性，会影响人体健康。

（5）找一颗钉子在纤维板上钉几下，看其握螺钉力如何，如果握螺钉力不好，则在使用中就会出现结构松脱等现象。

（6）拿一块纤维板的样板，用手用力掰或用脚踩，以此来检验纤维板承载受力和抵抗力变形的能力。

5. 刨花板

刨花板是利用木材或木材加工剩余物作为原料，加工成碎料后，施加胶粘剂和添加剂，经机械或气流铺装设备成刨花板坯，后经高压而制成的一种人造板。由于刨花板的成本低、性能好，所以主要应用于室内装饰、汽车、火车、船舶等内部装饰。（图6-23）

刨花板的选购方法：

（1）注意厚度是否均匀，板面是否平整、光滑，有无污渍、水渍、胶渍等。

（2）刨花板的长、宽、厚尺寸公差。国家标准有严格规定，长度与宽度只允许正公差，不允许负公差。而厚度允许偏差，则根据板面平整光滑的砂光产品与表面毛糙的未砂光产品二类而定。经砂光的产品，质量高，板的厚薄公差较均匀。未砂光产品精度稍差，在同一板材中各处厚薄公差较不均匀。

（3）注意检查游离甲醛含量。我国规定，100g刨花板中不能超过50mg游离甲醛含量。随便拿起一块刨花板的样板，用鼻子闻一闻，如果板中带有强烈的刺激味，这显然是超过了标准要求，尽量不要选择。

（4）刨花板中不允许有断痕、透裂，单个面积大于$40mm^2$的胶斑，石蜡斑，油污斑等污染点，边角残损等缺陷。

图6-23　刨花板

图6-24　防火板

6. 防火板

防火板又称耐火板，是由表层纸、色纸、多层牛皮纸构成的，基材是刨花板。防火板具有耐湿、耐磨、耐烫、阻燃、易清洁，耐一般酸、碱、油渍及酒精等溶剂浸蚀的特性，广泛应用于家居装饰装修中厨房橱柜的台面和柜门的贴面装饰，可耐高温、防明火。（图6-24）

防火板的选购方法：

对于劣质防火板，一般具有以下几种特征：色泽不均匀，易碎裂爆口，花色简单，另外，它的耐热、耐酸碱度、耐磨程度也相应较差。在选购时，还应注意不要被商家欺骗，以三聚氰胺板代替成防火板。三聚氰胺板（俗称双饰面板）是一次成型板，这种板材就是把印有色彩或仿木纹的纸，在三聚氰胺透明树脂中浸泡之后，贴于基材表面热压而成的。

一般来说，防火板的耐磨、防刮伤等性能要好于三聚氰胺板，且三聚氰胺板价格上要低于防火板。两者因厚度、结构的不同，导致性能上有明显的差别。所以在使用中两者是不能相互替代的。

目前防火板市场价为 40～300 元/张，在现代家庭装修中，防火板主要被应用到厨房的橱柜当中，其他方面很少用到。

7. 铝塑板

铝塑板又称铝塑复合板，被广泛应用于各种室内装饰中，如天花板、包柱、柜台、家具、电话亭、电梯、店面、防尘室壁材、厂房壁材等，同天然石材、玻璃幕墙并称三大幕墙材料之一。（图 6-25）

铝塑板的选购方法：

（1）看其厚度是否达到要求，必要是可使用游标卡尺测量一下。还应准备一块磁铁，检验一下所选的板材是铁还是铝。

（2）看铝塑板的表面是否平整光滑，无波纹、鼓泡、疵点、划痕。

（3）随意掰下铝塑板的一角，如果易断裂，说明不是 PE 材料或掺杂假冒伪劣材料；然后可用随身携带的打火机烧一下，如果是真正的 PE，则应可以完全燃烧，掺杂假冒伪劣材料的燃烧后有杂质。

（4）拿两块铝塑板样板相互擦几下，看是否掉漆。表面喷漆质量好的铝塑板是采用进口热压喷漆工艺，漆膜颜色均匀，附着力强，划漆后不易脱漆。

图 6-25 铝塑板

图 6-26 塑料扣板

8. 塑料扣板

塑料扣板又称为 PVC 扣板，在室内装饰中，多用于室内厨房、卫生间的顶面装饰，其中外观呈长条状居多。（图 6-26）

塑料扣板的选购方法：

（1）观察外表。外表要美观、平整，色彩图案要与装饰部位相协调。无裂缝、无磕碰，能拆装自如，表面有光泽，无划痕；用手敲击板面声音清脆。

（2）查看企口和凹榫，PVC 扣板的截面为蜂巢状网眼结构，两边有加工成型的企口和凹榫，挑选时要注意企口和凹榫完整平直，互相咬合顺畅，局部没有起伏和高度差现象。

（3）测试韧性。用手折弯不变形，富有弹性，用手敲击表面清脆，说明韧性强，遇有一定压力不会下陷和变形。

（4）实验阻燃性能。拿小块板材用火点燃，看其易燃程度，燃烧慢的说明阻燃性好。其氧指标 ≥30%，才有利于防火。

（5）注意环保。如带有强烈刺激性气味则说明环保性能差，对身体有害。应选择刺激性气味小的产品。

（6）向经销商索要质检报告和产品检测合格证等证明材料，避免以后不必要的麻烦。产品的性能指标应满足热收缩率小于 0.3%，氧指数大于 35%，软化温度 80℃以上，燃点 300℃以上，吸水率小于 15%，吸湿率小于 4%。

9. 金属扣板

金属扣板又称为铝扣板，在室内装饰中，多用于厨房、卫生间的顶面装饰。其中吸音铝扣板也有用在公共空间的。铝扣板的外观形态以长条状和方块状为主。（图6-27）

金属扣板的选购方法：

（1）铝扣板的质量好坏不全在于厚薄，而在于铝材的质地，有些杂牌子用的是易拉罐的铝材，因为铝材不好，板子无法很均匀地拉薄，只能做得厚一些。所以要防止商家欺骗，并不是厚的就一定质量好。

（2）家庭装修用的铝扣板0.6mm厚就足够用了。因为家装用铝扣板，长度很少有4m以上的，而且家装吊顶上没有什么重物。一般只有在工程上用的铝扣板较长，是为了防止变形，所以要用厚一点（0.8mm以上），硬度大一些的。

（3）拿一块样品敲打几下，仔细倾听，声音脆的说明基材好，声音发闷的说明杂质较多。

（4）拿一块样品反复掰折，看它的漆面是否脱落，起皮。好的铝扣板只有裂纹，不会有大块油漆脱落。而且好的铝扣板正背面都有漆，因为背面的环境更潮湿，所以背面有漆的铝扣板使用寿命比只有单面漆的铝扣板更长。

（5）铝扣板的龙骨材料一般为镀锌钢板，要看镀锌钢板的平整度，加工的光滑程度；对于龙骨的精度，误差范围越小，精度越高，质量越好。

（6）防止商家偷梁换柱，覆膜板和滚涂板表面看上去不好区别，而价格上却有很大的差别。可用打火机将板面熏黑，覆膜板容易将黑渍擦去，而滚涂板无论怎么擦都会留下痕迹。

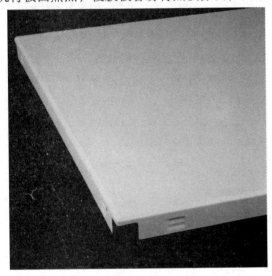

图6-27　金属扣板

图6-28　石膏板

10. 石膏板

石膏板是以石膏为主的材料。不同品种的石膏板应该使用在不同的部位。如普通纸面石膏板适用于无特殊要求的部位，如室内吊顶等；耐水纸面石膏板其板芯和护面纸均经过了防水处理，适用于湿度较高的潮湿场所，像卫生间、浴室等。（图6-28）

石膏板的选购方法：

（1）观察纸面。优质的纸面石膏板使用的是进口的原木纸浆，纸轻且薄，强度高，表面光滑，无污渍，纤维长，韧性好。而劣质的纸面石膏板用的是再生纸浆生产出来的纸张，较重较厚，强度较差，表面粗糙，有时可看见油污斑点，易脆裂。纸面的好坏还直接影响到石膏板表面的装饰性能。优质的纸面石膏板表面可直接涂刷涂料，劣质的纸面石膏板表面必须做满批腻子后才能做最终装饰。

（2）观察板芯。优质纸面石膏板选用高纯度的石膏矿作为芯体材料的原材料，而劣质的纸面石膏板对原材料的纯度缺乏控制。纯度低的石膏矿中含有大量的有害物质。好的纸面石膏板的板芯白，而差的纸面石膏板板芯发黄（含有黏土），颜色暗淡。

（3）观察纸面粘结。用裁纸刀在石膏板表面划一个45度角的"叉"，然后在交叉的地方揭开纸面，优质的纸面石膏板的纸张依然粘结在石膏芯上，石膏芯体没有裸露；而劣质的纸面石膏板的纸张则可以撕下大部分甚至全部纸面，石膏芯完全裸露出来。

（4）掂量单位面积重量。相同厚度的纸面石膏板，优质的板材比劣质的一般都要轻。劣质的纸面石膏板大都在设备陈旧工艺落后的工厂中生产出来的。重量越轻越好，当然是在达到标准强度的前提下。

（5）查看石膏板厂家提供的检测报告应注意，委托检验仅仅对样品负责，有些厂家可以特别生产一批很好的板材去做检测，然而平时生产的产品不一定能达到要求，所以抽样检测的检测报告才能代表普遍的生产质量。正规的石膏板生产厂家每年都会安排国家权威的质量检测机构赴厂家的仓库进行抽样检测。

11. 阳光板

阳光板是一种新型室外顶篷材料。阳光板有中空板和实心板两大类，在室内装修中一般采用不锈钢、实木或塑钢做框架，用阳光板做底面。主要应用于阳台、露台搭建花房、阳光屋等装饰，经过精心设计可呈现尖顶、斜顶、圆弧顶、规则异型或不规则异型等多变的造型。（图6-29）

阳光板的选购方法：

在选购阳光板时，通过肉眼就可辨别出来。好的阳光板沉、透光。如果拿在手里轻飘飘的，那么就要注意了。

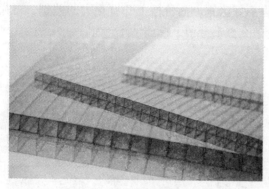

图6-29　阳光板

图6-30　实木地板

6.1.5　装饰地板

1. 实木地板

实木地板又称为原木地板，是采用天然木材，经加工处理后制成条板或块状的地面铺设材料。实木地板在市场销售较好的有红檀、芸香、甘巴豆（康帕斯）、花梨木、紫檀木、黄檀木、白象牙、金象牙等。实木地板是理想的室内地面装饰材料。（图6-30）

实木地板的选购方法：

（1）挑选板面，漆面质量。选购时关键看漆面光洁度（无气泡、漏漆）以及耐磨度等。

（2）检查基材的缺陷。看地板是否有死节、活节、开裂、腐朽、菌变等缺陷。由于木地板是天然木制品，客观上存在色差和花纹不均匀的现象。如若过分追求地板无色差，是不合理的，只要在铺装时稍加调整即可。

（3）识别木地板材种。有的厂家为促进销售，将木材冠以各式各样不符合木材学的美名，如樱桃木、花梨木、金不换、玉檀香等名称；更有甚者，以低档充高档木材，消费者一定不要为名称所惑，弄清材质，以免上当。

（4）观测木地板的精度。一般木地板开箱后可取出10块左右徒手拼装，观察企口咬合，拼装间隙、相邻板间高度差，若严密合缝，手感无明显高度差即可。

（5）确定合适的长度、宽度。实木地板并非越长越好，建议选择中短长度地板，不易变形；长度、宽度过大的木地板相对容易变形。

（6）测量地板的含水率。国家标准规定木地板的含水率为 8% ~ 13%，我国不同地区含水率要求均不同。一般木地板的经销商应有含水率测定仪，如无则说明对含水率这项技术指标不重视。购买时先测展厅中选定的木地板含水率，然后再测未开包装的同材种、同规格的木地板的含水率，如果相差在 2% 以内，可认为合格。

（7）确定地板的强度。一般来讲，木材密度越高，强度也越大，质量也越好，价格当然也越高。但不是家庭中所有空间都需要高强度的地板的。如客厅、餐厅等人流活动大的空间可选择强度高的品种，如巴西柚木、杉木等；而卧室则可选择强度相对低些的品种，如水曲柳、红橡、山毛榉等；如老人住的房间则可选择强度一般却十分柔和温暖的柳安、西南桦等。

（8）注意销售服务。最好去品牌信誉好、美誉度高的企业购买，除了质量有保证之外，正规企业都对产品有一定的保修期，凡在保修期内发生的翘曲、变形、干裂等问题，厂家负责调换，可免去消费者的后顾之忧。

（9）在购买时应多买一些作为备用，一般 20m 房间材料损耗在 1m 左右，所以在购买实木地板时，不能按实际面积购买，防止日后地板的搭配出现色差等问题。

（10）在铺设时，一定要按照工序施工，购买哪一家地板就请哪一家铺设，以免生产企业和装修企业互相推脱责任，造成不必要的经济损失和精神负担。

（11）值得注意的是，柚木多产于印尼、缅甸、泰国、南美等地，由于柚木本身木质很硬，不易变形，故使用较多。但我国自 1998 年以来已经明令禁止从泰国进口柚木，所以目前市场上打着"泰国进口"的牌子的柚木地板大多数是假冒的。

2. 实木复合地板

实木复合地板在室内装修中常用。它具有天然木质感、容易安装维护、防腐防潮，特别适合室内地面安装电热、地暖等使用。（图 6-31）

实木复合地板的选购方法：

（1）要注意实木复合地板各层的板材都应为实木，而不像强化复合地板以中密度板为基材，两者无论在质感上，还是价格上都有很大区别

（2）实木复合地板的木材表面不应有夹皮树脂囊、腐朽、死结、节孔、冲孔、裂缝和拼缝不严等缺陷；油漆应丰满，无针粒状气泡等漆膜缺陷；无压痕、刀痕等装饰单板加工缺陷。木材纹理和色泽应和谐、均匀，表面不应有明显的污斑和破损，周边的榫口或榫槽等应完整。

图 6-31　实木复合地板

（3）并不是板面越厚质量越好。三层实木复合地板的面积，厚度以 2 ~ 4mm 为宜，多层实木复合地板的面积以 0.3 ~ 2.0mm 为宜。

（4）并不是名贵的树种性能才好。目前市场上销售的实木复合地板树种有几十种，不同树种价格、性能、材质都有差异，但并不是只有名贵的树种性能好，应根据自己的居室环境、装饰风格、个人喜好和经济实力等情况进行购买。

（5）实木复合地板的价格高低主要是根据表层地板板条的树种、花纹和色差来区分的。表层的树种材质越好、花纹越整齐、色差越小，价格越贵；反之，树种材质越差、色差越大、表面结疤越多，价格就越低。

（6）购买时最好挑几块试拼一下，观察地板是否有高低差，较好的实木复合地板其规格尺寸的长、宽、厚应一致，试拼后，其榫槽接合严密，手感平整，反之则会影响使用。同时也要注意看它的直角度、拼装离缝度等。

（7）在购买时还应注意实木复合地板的含水率，因为含水率是地板变形的主要条件。可向销售商索取产品质量报告等相关文件进行查询。

（8）由于实木复合地板需用胶来粘合，所以甲醛的含量也不应忽视。在购买时要注意挑选有环保标志的优质地板。可向销售商索取产品质量测试数据，因为我国国家标准已明确规定，采用穿孔萃取法测定若小于40mg/100g以下均符合国家标准，或者从包装箱中取出一块地板，用鼻子闻一闻，若闻到一股强烈刺鼻的气味，则证明空气中甲醛度已超过标准，要小心购买。

3. 强化复合地板

强化复合地板由于配材多样，具有耐磨、阻燃、防潮、防静电、防滑、耐压、易清理、质轻、规格统一、成本低、便于安装（无需龙骨）等特点，极受室内装饰人群喜爱。（图6-32）

强化复合地板的选购方法：

（1）检测耐磨转数。这是衡量强化复合地板质量的一项重要指标。一般而言，耐磨转数越高，地板使用的时间越长，强化复合地板的耐磨转数达到一万转为优等品，不足一万转的产品，在使用1~3年后就可能出现不同程度的磨损现象。

（2）观察表面质量是否光洁。强化复合地板的表面一般有沟槽型、麻面型和光滑型三种，本身无优劣之分，但都要求表面光洁、无毛刺。

（3）注意吸水后膨胀率。此项指标在3%以内可视为合格，否则地板在遇到潮湿或在湿度相对较高周边密封不严的情况下，就会出现变形现象，影响正常使用。

（4）注意甲醛含量。按照欧洲标准，每100g地板的甲醛含量不得超过9mg，如果超过9mg属不合格产品。

（5）观察测量地板厚度。目前市场上地板的厚度一般在6~18mm，同价格范围内，选择时应以厚度厚些的为好。厚度越厚，使用寿命也就相对越长，但同时要考虑家庭的实际需要。

（6）观察企口的拼装效果。可拿两块地板的样板拼装一下，看拼装后企口是否整齐、严密，否则会影响使用效果及功能。

（7）用手掂量地板重量。地板重量主要取决于其基材的密度。基材决定着地板的稳定性，以及抗冲击性等诸项指标，因此基材越好，密度越高，地板也就越重。

（8）查看正规证书和检验报告。选择地板时一定要弄清商家有无相关证书和质量检验报告。如ISO9001国际质量认证证书、ISO14001国际环保认证证书以及其他一些相关质量证书。

（9）注重售后服务。强化复合地板一般需要专业安装人员使用专门工具进行安装，因此消费者一定要问清商家是否有专业安装队伍，以及能否提供正规保修证明书和保修卡。

4. 竹木地板

竹地板突出的优点是冬暖夏凉。竹子自身并不生凉防热，但由于导热系数低，就会体现出这样的特性，让人无论在什么季节，都可以舒适的赤脚行走，特别适合铺装在老人、小孩的卧室中。（图6-33）

图6-32　强化复合地板

图6-33　竹木地板

竹木地板的选购方法：

（1）观察竹木地板表面的漆上有无气泡，是否清新亮丽，竹节是否太黑，表面有无胶线，然后看四周有无裂缝，有无批灰痕迹，是否干净整洁等。

（2）质量好的产品表面颜色应基本一致，清新而具有活力。比如，本色竹材地板的标准色是金黄色，通体透亮；而碳化竹材地板的标准色是古铜色或褐红色，颜色均匀，有光泽感。不论是本色还是碳化色，其表层尽量有较多而致密的纤维管束分布，纹理清晰。就是说，表面应是刚好去掉竹青、紧挨着竹青的部分。

（3）并不是说竹子的年龄越老越好，很多消费者认为年龄越大的竹材越成熟，用其做竹木地板肯定越结实。其实正好相反，最好的竹材年龄是 4～6 年，4 年以下太小没成材，竹质太嫩；年龄超过 9 年的竹子就老了，老毛竹皮太厚，使用起来较脆也不好。

（4）要注意竹木地板是否是六面淋漆，由于竹木地板是绿色自然产品，表面带有毛细孔，因存在吸潮几率而引发变形，所以必须将四周和底、表面全部封漆。

（5）可用手拿起一块竹木地板，若拿在手中感觉较轻，说明采用的是嫩竹，若眼观其纹理模糊不清，说明此竹材不新鲜，是较陈的竹材。其次，看地板结构是否对称平衡，可从竹地板的断面来判断，若符合，结构就稳定。最后看地板层与层间胶合是否紧密，可用两手掰，看其层与层间是否分层。

（6）要选择有生产厂家、品牌、产品标准、检验等级、使用说明、售后服务等资料齐全的产品。如果资料齐全的话，说明此企业是具有一定规模的正规企业，一般不会出现质量问题。即使出现问题，消费者也有据可查。

6.1.6　装饰涂料与胶凝材料

1. 乳胶漆

乳胶漆是以合成树脂乳液涂料为原料，加入颜料、填料及各种辅助剂配制而成的一种水性涂料，是室内装饰装修中最常用的墙面装饰材料。（图 6-34）

乳胶漆的选购方法：

（1）遮蔽性：覆遮性和遮蔽性好则表明乳胶漆效果好，施工时间消耗也少。

（2）易清洗性：易清洗性确保了涂面的光泽和色彩的新鲜。

（3）实用性：在施工过程中不会引起出现气泡等状况，使得涂面更光滑。

（4）防水功能：弹性乳胶漆具有优异的防水功能，防止渗透墙壁，从而保护墙壁，具有良好的抗炭化、抗菌、耐碱性能。

（5）可弥盖细微裂纹：弹性乳胶漆具有的特殊"弹张"性能，能延伸及覆盖细微裂纹。

目前市场上乳胶漆品牌众多、档次各异，可按照以下步骤挑选：

（1）用鼻子闻。真正环保的乳胶漆应是水性无毒无味的，所以当你闻到刺激性气味或工业香精味，就不能选择。

（2）用眼睛看。放一段时间后，正品乳胶漆的表面形成厚厚的、有弹性的氧化膜，不易裂；而次品只会形成一层很薄的膜，易碎，并有辛辣气味。

（3）用手感觉。用木棍将乳胶漆拌匀，再用木棍挑起来，优质乳胶漆往下流时会形成扇面形。用手指摸，正品乳胶漆应该手感光滑、细腻。

（4）耐擦性。可将少许涂料刷到水泥墙上，涂层干后用湿抹布擦洗，高品质的乳胶漆耐擦洗性很强，而低档的乳胶漆只擦几下就会出现掉粉、露底等褪色现象。

（5）尽量到重信誉的正规商店或专卖店去购买国内、国际知名品牌。选购时认清商品包装上的标志，特别是厂名、厂址、产品标准号、生产日期、有效期及产品使用说明书等。最好选购通过 ISO14001 和 ISO9000 体系认证企业的产品，这些生产企业的产品质量比较稳定。产品应符合《室内装饰装修材料　内墙涂料中有害物质限量》（GB 18582）及获得环境认证标志的产品。购买后一定要索取购货发票等有效凭证。

2. 木器漆

木器漆分为：清油、清漆、厚漆、调和漆、硝基漆、聚酯漆。（图6-35）

图6-34　乳胶漆　　　　　　　　　　　　　　　　　图6-35　木器漆

清油，又称熟油、调漆油。主要用于木制家具底漆，是家庭装修中对门窗、墙裙、暖气罩、配套家具等进行装饰的基本漆类之一。

清漆，俗称凡立水。是一种不含颜料的透明涂料，以树脂为主要成膜物质，分为油基清漆和树脂清漆两类。油基清漆含有干性油；树脂清漆不含干性油。清漆主要用于木器家具、装饰造型、门窗、扶手表面的涂饰等。

厚漆，又称为铅油。采用颜料与干性油混合研磨而成，外观黏稠，需要加精油溶剂搅拌方可使用。主要使用于涂刷墙面漆前的打底。

调和漆，一般用作饰面漆，可直接用于装饰工程施工的涂刷。

硝基漆，又称为蜡克。主要用于木器及家具制品的涂装、家庭装修、一般装饰涂装、金属涂装和一般水泥涂装等方面。

木器漆的选购方法：

（1）在选购木器漆时，首先要选择知名厂家生产的产品。油漆的生产与制造是一项对技术、设备、工艺都有严格要求的整体工程，对生产公司的人才、技术、管理、服务都有较高的要求。只有拥有雄厚实力的厂家才能真正做到。

（2）小心"绿色陷阱"。目前市场上各种"绿色"产品铺天盖地，实际上只有同时通过国家标准强制性认证和中国环境标志产品认证才是真正的绿色产品。真正的好油漆既要有好的内在质量，又要求有环保、安全和持久性。权威的认证有ISO14001国际环境管理体系认证、中国环境标志认证、中国Ⅲ型环境标志认证和中国环保产品认证，同时必须完全符合国家颁布的十项强制性标准。

（3）不要贪图价格便宜。有些厂家为了降低生产成本，没有认真执行国家标准，有害物质含量大大超过标准规定，如三苯含量过高，它可以通过呼吸道及皮肤接触，使身体受到伤害，严重的可导致急性中毒。木器漆的作业面比较大，不要为了贪一时便宜，为今后的健康留下隐患。

3. 水泥

水泥是一种水硬性胶凝材料。在室内装修中，地砖、墙砖粘贴以及砌筑等都要用到。（图6-36）

水泥的选购方法：

（1）在家庭装修中，为了保证水泥砂浆的质量，水泥在选购时一定要注意是否是大企业生产的42.5

级硅酸盐水泥；砂应选中砂，中砂的颗粒粗细程度十分适用于水泥砂浆中，太细的砂其吸附能力不强，不能产生较大摩擦而粘牢瓷砖。

（2）水泥也有保质期，一般而言，超过出厂日期30d的水泥强度将有所下降。储存三个月后的水泥强度会下降10%~20%，六个月后降低15%~30%，一年后降低25%~40%。能正常使用的水泥应无受潮结块现象，优质水泥用手指捻水泥粉末有颗粒细腻的感觉。劣质的水泥会有受潮和结块现象，用手指捻有粗糙感，说明其细度较粗、不正常，使用时强度低、黏性很差。此外，优质水泥，6h以上能够凝固，超过12h仍不能凝固的水泥质量不好。

4. 白乳胶

白乳胶是一种乳化高分子聚合物。在室内装饰中，主要应用于木制品的粘结和墙面腻子的调和，也可用于粘结墙纸、水泥增强剂、防水涂料及木材胶粘剂等。（图6-37）

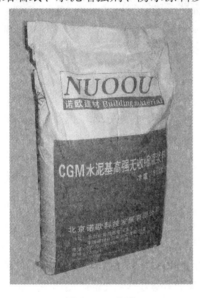

图 6-36　水泥　　　　　　　　　　图 6-37　白乳胶

白乳胶的选购方法：

（1）在选购白乳胶时，要选择名牌企业生产的产品，要看清包装及标志说明。注意：胶体应均匀，无分层，无沉淀，开启容器时无刺激性气味。

（2）选择名牌企业生产的产品及在大型建材超市销售的产品，因为大型建材超市讲信誉、重品牌，有一套完善的进货渠道，产品质量较为可靠，价位也相对合理。

5. 其他粘结材料

其他粘结材料还包括：万能胶、壁纸粉、壁纸白胶、玻璃胶、耐候胶、云石胶、密封胶、发泡胶等。

万能胶主要使用于橡胶、皮革、织物、纸板、人造板、木材、泡沫塑料、陶瓷、混凝土、等自粘或互粘。

壁纸粉是一种粘贴墙纸、墙布的专用粘合剂。

壁纸白胶是一种新型的壁纸裱贴修补胶。

玻璃胶是无色透明黏稠液体，能在常温下快速固化。常用玻璃胶分为中性、酸性两大类。中性玻璃胶适用处较多。

耐候胶具有优异的耐候性能，可在 - 30 ~ +60℃的温度范围内使用。

云石胶主要应用于各类石材间的粘结或修补石材表面的裂纹和断痕。

6.1.7　管线材料

1. 电线

室内装饰装修所用的电线一般分为护套线和单股线两种。护套线为单独的一个回路，外部有PVC绝

缘套保护，而单股线需要施工员来组建回路，并穿接专用 PVC 线管方可入墙埋设。（图 6-38、图 6-39）

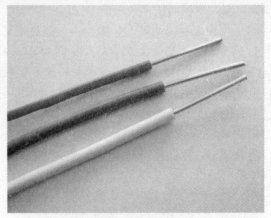

图 6-38　电线卷　　　　　　　　　　　　　　　　　　　图 6-39　电线头

电线的选购方法：

目前，市场上的电线品种多、规格多、价格乱，消费者挑选时难度很大。同样规格的一盘线，因为厂家不同，价格可相差 20% ~ 30%。至于质量优劣，长度是否达标，消费者更是难以判定。购买电线时，应注意以下几点：

（1）首先看成卷的电线包装牌上有无中国电工产品认证委员会的"长城标志"和生产许可证号，再看电线外层塑料皮是否色泽鲜亮、质地细密，用打火机点燃应无明火。非正规产品使用再生塑料，色泽暗淡，质地疏松，能点燃明火。

（2）看长度、比价格。如 BVV2 × 2.5 每卷的长度是（100 ± 5）m，市场售价为 280 元左右；非正规产品长度为 60 ~ 80m 不等，有的厂家把绝缘外皮做厚，使内行也难以看出问题。但可以数一下电线的圈数，然后乘以整卷的半径，就可大致推算出长度，该类产品价格为 100 ~ 130 元。其次可以要求商家剪断一个断头，看铜芯材质。2 × 2.5 铜芯直径为 1.784mm，可以用千分尺测量。正规产品电线使用精红紫铜，外层光亮而稍软；非正规产品铜质偏黑而发硬，属再生杂铜，电阻率高，导电性能差，会升温而不安全。其中，BVV 是国家标准代号，为铜质护套线；2 × 2.5 代表 2 芯 2.5mm²，4 × 2.5 代表 4 芯 2.5mm²。

（3）看外观。在选购电线时应注意电线的外观应光滑平整，绝缘和护套层无损坏，标志印字清晰，手摸电线时无油腻感。从电线的横截面看，电线的整个圆周上绝缘或护套的厚度应均匀，不应偏芯，绝缘或护套应有一定的厚度。

（4）消费者在选购电线时应注意导体线径是否与合格证上明示的截面相符，若导体截面偏小，容易使电线发热引起短路。建议家庭照明线路用电线采用 1.5mm² 及以上规格的电线；空调、微波炉等用功率较大的家用电器应采用 4mm² 及以上规格的电线。

2. 铝塑复合管

铝塑复合管的结构为：塑料→胶粘剂→铝材→胶粘剂→塑料。主要用于室内供水管、热水管、煤气管、空调冷却管、电线电缆用管等。（图 6-40）

铝塑复合管的选购方法：

（1）检查产品外观。品质好的铝塑复合管一般外壁光滑，管壁上商标、规格、适用温度、米数等标志清楚，厂家在管壁上还打印了生产编号，而伪劣产品一般外壁粗糙，标志不清或不全，包装简单，厂址或电话不明。

（2）细看铝层。好的铝塑复合管，在铝层搭接处有焊接痕迹，铝层和塑料层结合紧密，无分层现象，而伪劣产品则不然。

3. PPR 管

PPR 管也可称为热熔管，在安装时采用热熔工艺，可做到无缝焊接，也可埋入墙内。是良好的室内供水管道。（图 6-41）

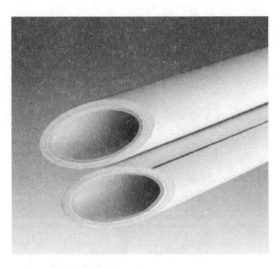

图 6-40　铝塑复合管

图 6-41　PPR 管

PPR 管的选购方法：

（1）PPR 管有冷水管和热水管之分，但无论是冷水管还是热水管，管材的材质应该是一样的，其区别只在于管壁的厚度不同。

（2）一定要注意，目前市场上较普遍存在管件和热水管用较好的原料，而冷水管却用 PPB（PPB 为嵌段共聚丙烯）冒充 PPR 的情况，不同材料的焊接因材质不同，焊接处极易出现断裂、脱焊、漏滴等情况，在长期使用下成为隐患。

（3）选购时应注意管材上的标志，产品名称应为"冷热水用无规共聚丙烯管材"或"冷热水用 PPR 管材"，并有明示执行《冷热水用聚丙烯管道系统》（GB/T 18742）。当发现产品被冠以其他名称或执行其他标准时，应引起注意。

4. PVC 管

PVC 管的材质强度较低、耐热性能差、价格低廉，多用于做室内排水管道使用。（图 6-42）

PVC 管的选购方法：

（1）管材上明示的执行标准是否为相应的国家标准，尽量选购执行国家标准的产品。如执行的是企标，则应引起注意。

（2）管材外观应光滑、平整、无起泡，色泽均匀一致，无杂质，壁厚均匀。管材有足够的刚性，用手挤压管材，不易产生变形。

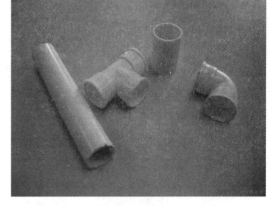

图 6-42　PVC 管

使用管材时要注意：

（1）隐蔽暗埋的水管尽量采用一根完整的管子，少用接头，管道尽量不要从地下走。

（2）水管安装完成后一定要先试压才能封闭。隐蔽工程更应该注意这一点。

（3）安装完成后一定要索取质保书、管道走向图。

（4）建议请水管厂家或专业队安装水管。

6.1.8　装饰五金配件

1. 门锁

门锁常用种类有外装门锁、球形锁、执手锁、抽屉锁、玻璃橱窗锁、电子锁、防盗锁、浴室锁、指纹门锁等，其中以球形锁和执手锁的式样最多。（图 6-43）

门锁的选购方法：

（1）选择有质量保证的生产厂家生产的品牌锁，同时看门锁的锁体表面是否光洁，有无影响美观的缺陷。

（2）注意选购和门同样开启方向的锁。同时将钥匙插入锁芯孔开启门锁，看是否顺畅、灵活。

（3）注意家门边框的宽窄，球形锁和执手锁能安装的门边框不能小于90cm，同时旋转门锁执手、旋钮，看其开启是否灵活。

（4）一般门锁使用门厚为35～45mm，但有些门锁可延长至50mm，同时查看门锁的锁舌伸出的长度不能过短。

（5）部分执手锁有左右手分别，由门外侧面对门，门铰链在右手处，即为右手门，门铰链在左手处，即为左手门。

2. 拉手

拉手是富有变化的，虽然功能单一，但因为外形上的特色让人怦然心动。目前以直线形的简约风格和粗犷的欧洲风格的铝材拉手比较畅销。（图6-44）

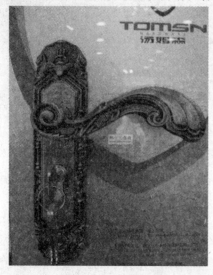

图6-43　门锁

图6-44　拉手

拉手的选购方法：

选购时主要是看外观是否有缺陷、电镀光泽如何、手感是否光滑等；要根据自己喜欢的颜色和款式，配合家具的式样和颜色，选一些款式新颖、颜色搭配流行的拉手。此外，拉手还应能承受较大的拉力，一般拉手应能承受6kg以上的拉力。

3. 合页

合页的种类很多，针对于门的不同材质、不同开启方法、不同尺寸等会有相应的合页。目前普通合页的材料主要为全铜和不锈钢两种。（图6-45）

4. 门吸

门吸是安装在门后面的一种小五金件。在门打开以后，通过门吸的磁性稳定住，防止门被风吹后会自动关闭，同时也防止在开门时用力过大而损坏墙体。（图6-46）

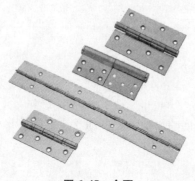

图6-45　合页

图6-46　门吸

5. 滑轨道

滑轨道是使用优质铝合金或不锈钢等材料制作而成的，按功能一般分为抽屉轨道、推拉门轨道、窗帘轨道、玻璃滑轮等。（图6-47）

6. 开关插座

开关插座虽然是室内装饰装修中很小的一个五金件，但却关系室内日常生活、工作的安全问题。（图6-48、图6-49）

图 6-47　滑轨道

图 6-48　开关

开关插座的选购方法：

（1）外观。开关的款式、颜色应该与室内的整体风格相吻合。

（2）手感。品牌好的开关大多使用防弹胶等高级材料制成，防火性能、防潮性能、防撞性能等都较高，表面光滑。好的开关插座的面板要求无气泡、无划痕、无污迹。开关拨动的手感轻巧而不紧涩，插座的插孔需装有保护门，插头插拔应需要一定的力度并单脚无法插入。

（3）重量。铜片是开关插座最重要的部分，具有相当的重量。在购买时应掂量一下单个开关插座，如果是合金的或者薄的铜片，手感较轻同时品质也很难保证。

（4）品牌。开关的质量关乎电器的正常使用，甚至生活、工作的安全。低档的开关插座使用时间短，需经常更换。知名品牌会向消费者进行有效承诺，如"保质12年""可连续开关10000次"等，所以建议消费者购买知名品牌的开关插座。

（5）注意开关、插座的座底上的标志。是否加有强制性产品认证（CCC）、额定电流电压值、产品生产型号、日期等。

6.1.9　装饰门窗

1. 实木门

实木门是以取材自森林的天然原木做门芯。具有耐腐蚀、无裂纹及隔热、保温等特点。同时，实木门因具有良好的吸声性而起到了有效的隔声作用。（图6-50）

图 6-49　插座

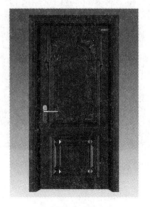

图 6-50　实木门

实木门的选购方法：

目前实木门的市场价格从1500元到3000元不等，其中高档的实木有胡桃木、樱桃木、莎比利、花梨木等，而上等的柚木门一扇售价达3000～4000元。一般高档的实木门在脱水处理的环节中做得较好，相对含水率在8%左右，这样成形后的木门不容易变形、开裂，使用的时间也会较长。在选购实木门的时候，可以看门的厚度，还可以用手轻敲门面，若声音均匀沉闷则说明该门质量较好。一般木门的实木比例越高，这扇门就越沉；如果是纯实木，则表面的花纹非常不规则，而门表面花纹光滑、整齐、漂亮的，往往不是真正的实木门。

2. 实木复合门

实木复合门的门芯多以松木、杉木或进口填充材料等粘结而成，外贴密度板和实木木皮，经高温热压后制成。实木复合门具有保温、耐冲击、阻燃等特性，具有手感光滑、色泽柔和的特点，而且隔声效果同实木门基本相同。（图6-51）

实木复合门的选购方法：

高级实木复合门对材料有严格的要求，木材必须干燥，有环保指标的必须达标。在此基础上，锯、切、刨、铣，采用精密机床加工，胶合采用压热工艺，油漆采用喷涂方法，工序之间层层把关检验。用这种先进工艺生产的复合门，具有形体美、精度高、规格准确、漆膜饱满、不易翘曲变形等优势。一般小工厂生产的门，虽然使用机械加工，但木材很少进行干燥处理，很难保证质量。另外，用手工制作的门，以作坊方式生产，就更无法保证质量。

在选购实木复合门时，要注意查看门扇内的填充物是否饱满；门边刨修的木条与内框的连接是否牢固；装饰面板与框的粘结应牢固，无翘边、裂缝，板面平整、洁净、无节疤、虫眼、裂纹及腐斑，木纹清晰，纹理美观。

3. 模压木门

模压木门因价格较实木门和实木复合门更经济实惠，且安全方便，而受到中等收入家庭的青睐。但装修效果却远不及实木门和实木复合门。（图6-52）

图6-51　实木复合门

图6-52　模压木门

模压木门的选购方法：

在选购模压木门时，应注意其贴面板与框连接应牢固，无翘边、裂缝；门扇边刨修过的木条与内框连接应牢固；内框横、竖龙骨排列符合设计要求，安装合页处应有横向龙骨；板面平整、洁净、无节疤、虫眼、裂纹及腐斑，木纹清晰、纹理美观且板面厚度不得低于3mm。

4. 塑钢门窗

塑钢一般用于门窗框架，这样制成的门窗，又称为塑钢门窗。塑钢门窗具有良好的气密性、水密性、抗风压性、隔声性、防火性，成品尺寸精度高，不变形，容易保养。（图6-53）

塑钢门窗的选购：

塑钢门窗的价格适中，国内知名品牌的普通型材每平方米在200~400元。选购时应注意，优质的塑钢门窗是青白色，而不是消费者通常认为的白色。相反，刺眼雪白的型材防晒能力差，老化速度也快。优质型材外观应具有完整的剖面，外表光洁无损，内壁平直，广度则不作具体要求，型材壁较厚。反之，剖面有气泡、压伤、裂纹等的属劣质型材。

图6-53　塑钢门窗

在选购时应注意以下几点：

（1）不要买廉价的塑钢门窗。门窗表面应光滑平整，无开焊断裂；密封条应平整、无卷边、无脱槽，胶条无气味。门窗关闭时，扇与框之间无缝隙，门窗四扇均为接一整体、无螺钉连接。

（2）重视玻璃和五金件。玻璃应平整、无水纹。玻璃与塑料型材不直接接触，有密封压条贴紧缝隙。五金件齐全，位置正确，安装牢固，使用灵活。门窗框、扇型材内均嵌有专用钢衬。

（3）玻璃应平整，安装牢固。安装好的玻璃不直接接触型材。不能使用玻璃胶。若是双玻夹层，夹层内应没有灰尘和水汽。开关部件关闭严密，开关灵活。推拉门窗开启滑动自如，声音柔和，无粉尘脱落。

（4）塑钢门窗均在工厂车间用专业设备制作，只可现场安装，不能在施工现场制作。

消费者在选购塑钢门窗的时候，发现价差非常大。便宜的每平方米100元左右，而贵的则可高达上千元，主要原因在于型材和五金配件的不同而造成的价格差异。

6.2　软装材料详解

室内软装材料主要为室内装饰的后期主要配材。本节详细介绍各种室内常用软装材料，方便读者全面掌握各种软装材料的品牌、规格、样式、用途及市场价格。

6.2.1　装饰纤维制品

1. 装饰地毯

地毯是一种高级地面装饰材料，具有悠久的历史，是重要的室内装饰材料。地毯的种类很多，按原料分有纯毛、化纤、混纺、橡胶、剑麻等；按图案分有京式、美术式、东方式、彩花式、素凸式、古典式等；按结构款式分有方块、花式、草垫、小块、圆形、半圆形、椭圆形等。（图6-54）

装饰地毯的选购方法：

（1）选购地毯时首先要了解地毯纤维的性质，简单的鉴别方法一般采取燃烧法和手感、观察相结合的方法。棉的燃烧速度快，灰末细而软，其气味似燃烧纸张，其纤维细而无弹性、无光泽；羊毛燃烧速度慢，有烟有泡，灰多且呈脆块状，其气

图6-54　装饰地毯

味似燃烧头发，质感丰富，手捻有弹性，具有自然柔和的光泽；化纤及混纺地毯燃烧后熔融呈胶体并可拉成丝状，手感弹性好并且重量轻，其色彩鲜艳。

（2）选择地毯时，其颜色应根据室内家具与室内装饰色彩效果等具体情况而定，一般客厅或起居室内宜选择色彩较暗、花纹图案较大的地毯，卧室内宜选择花型较小，色彩明快的地毯。

（3）地毯施工用量核算（使用于地毯铺满时的情况）：由于地毯铺贴时常常需要剪裁，所以，核算时在实际面积计算出来后，要再加8%～12%的损耗量。有的地毯要求加弹性胶垫，其所需用量与地毯相同。

（4）观察地毯的绒头密度。可用手去触摸地毯，产品的绒头质量高，毯面的密度就丰满，这样的地毯弹性好、耐踩踏、舒适耐用。但不要采取挑选长毛绒的方法来挑选地毯，表面上好看，但绒头密度稀疏，绒头易倒伏变形，这样的地毯不抗踩踏，易失去地毯特有的性能，不耐用。

（5）检测色牢度。色彩多样的地毯，质地柔软，美观大方。选择地毯时，可用手或拭布在毯面上反复摩擦数次，看其手或拭布上是否粘有颜色，如粘有颜色，则说明该产品的色牢度不佳，地毯在铺设使用中易出现变色和掉色，从而影响其在铺设使用中的美观效果。

（6）检测地毯背衬剥离强力。簇绒地毯的背面用胶乳粘有一层网格底布。消费者在挑选该类地毯时，可用手将底布轻轻撕一撕，看看粘结力的程度，如果粘结力不高，底布与毯体就易分离，这样的地毯不耐用。

（7）看外观质量。消费者在挑选地毯时，要查看地毯的毯面是否平整、毯边是否平直、有无瑕疵、油污斑点、色差，尤其选购簇绒地毯时要查看毯面是否有脱衬、渗胶等现象，避免地毯在铺设使用中出现起鼓、不平等现象，而失去舒适、美观的效果。

2. 窗帘布艺

窗帘具有遮光、防风、除尘、消声等功能，还起到保护隐私、调节光线和室内温度、装饰美化的作用。窗帘分为：布帘、窗纱、卷帘、百叶帘、罗马帘、垂直帘、木竹帘等。（图6-55）

窗帘布艺的选购方法：

（1）根据不同空间的不同使用功能来选择，如保护隐私、利用光线、装饰墙面、隔声等。例如浴室、厨房就要选择实用性较强，易洗涤，经得住蒸汽和油脂污染的布料；客厅、餐厅就应选择豪华、优美的面料；书房窗帘要透光性能好、明亮，如真丝窗帘；卧室的窗帘要求厚重、温馨、安全，如选背面有遮光涂层的面料。

（2）要符合室内的设计风格。

（3）颜色方面。窗帘的配色主要表现为白色、红色、绿色、黄色和蓝色等。选择花色时，除了根据个人对色彩图案的感觉和喜好外，还要注重与家具的格局和色彩相搭配。一般来讲，夏天宜用冷色窗帘，如白、蓝、绿等，使人感觉清净凉爽；冬天则换用棕、黄、红等暖色调的窗帘，看上去比较温暖亲切。

（4）图案方面。窗帘的图案同样对室内气氛有很大的影响，清新明快的田园风格使人心旷神怡，有返璞归真的感觉；颜色艳丽的单纯几何图案以及均衡图案给人以安定、平缓、和谐的感觉，比较适用于现代感较强、墙面洁净的起居室中。儿童居室中则较多地采用有动物变形装饰图案。

（5）材质方面。在选择窗帘的质地时，首先考虑房间的功能，如浴室、厨房就要选择实用性比较强且容易洗涤的布料，该布料要经得住蒸汽和油脂的污染，风格简单流畅；客厅、餐厅可以选择豪华、优美的面料；卧室的窗帘要求厚重、温馨、安全；书房窗帘则要透光性能好、明亮，采用淡雅的颜色。另外，布料的选择还取决于房间对光线的需求量，光线充足，可以选择薄纱、薄棉或丝质的布料；房间光线过于充足，就应当选择稍厚的羊毛混纺或织锦来做窗帘，以抵挡强光照射；房间对光线的要求不是十分严格，一般选用素面印花棉质或者麻质布料最好。

（6）人们常常费心挑选窗帘而忽视窗帘轨的选择。目前市场上出售的窗帘轨多种多样，多为铝合金材料制成，其强度高、硬度好、寿命长。结构上分为单轨和双轨，造型上以全开放式倒"T"形的简易窗帘轨和半封闭式内含滑轮的窗帘轨为主。无论何种形式，要保证使用安全和便利，这关键是看材质的厚薄，包括安装码与滑轮，两端封盖的质量。选择表面工艺精致美观的产品，采用了先进的喷涂、电泳技术。同时近几年出现的新型材料，可以根据实际需求，选择低噪声或无声的窗帘轨。

3. 装饰壁纸

室内装饰壁纸的图案丰富多彩、施工方便快捷而在家庭装饰中受到广泛的采用。主要分为：塑料壁纸（普通壁纸、发泡壁纸、特种壁纸）、纺织壁纸（棉纺壁纸、锦缎壁纸、化纤装饰壁纸）、天然材料壁纸、玻纤壁纸、金属膜壁纸。（图6-56）

图6-55　窗帘布艺　　　　　　　　　　　　图6-56　装饰壁纸

装饰壁纸的选购方法：

（1）颜色样式的选择。壁纸的颜色一般分为冷色和暖色，暖色以红黄、橘黄为主，冷色以蓝、绿、灰为主。壁纸的色调如果能与家具、窗帘、地毯、灯光相配衬，居室环境则会显得和谐统一。对于卧房、客厅、餐厅各自不同的功能区，最好选择不同的墙纸，以达到与家具相匹配的效果。如，暗色及明快的颜色适宜用在餐厅和客厅；冷色及亮度较低的颜色适宜用在卧室及书房；面积小或光线暗的房间，宜选择图案较小的壁纸等。竖条纹状图案能增加居室高度，长条状的花纹壁纸具有恒久性、古典性、现代性与传统性等特性，是最成功的选择之一。长条的设计可以把颜色用最有效的方式散布在整个墙面上，而且简单高雅，非常容易与其他图案相互搭配。大花朵图案能降低居室拘束感，适合于格局较为平淡无奇的房间。而细小规律的图案则能增添居室秩序感，可以为居室提供一个既不夸张又不会太平淡的背景。

（2）产品质量。在购买时，要确定所购的每一卷壁纸都是同一批货，壁纸每卷或每箱上应注明生产厂名、商标、产品名称、规格尺寸、等级、生产日期、批号、可拭性或可洗性符号等。一般情况下，可多买一些壁纸，以防发生错误或将来需要修补时用。壁纸运输时应防止重压、碰撞及日晒雨淋，应轻装轻放，严禁从高处扔下。壁纸应储存在清洁、阴凉、干燥的库房内，堆放应整齐，不得靠近热源，保持包装完整，裱糊前再拆包。在使用之前务必将每一卷壁纸都摊开检查，看看是否有残缺之处。墙纸尽管是同一编号，但由于生产日期不同，颜色上便有可能出现细微差异，而每卷墙纸上的批号即代表同一颜色，所以在购买时还要注意每卷墙纸的编号及批号是否相同。

一般要从以下几个方面来鉴别：

①天然材质或合成（PVC）材质。简单的方法可用火烧来判别。一般天然材质燃烧时无异味和黑烟，燃烧后的灰呈粉末白灰，合成（PVC）材质燃烧时有异味及黑烟，燃烧后的灰为黑球状。

②好的壁纸着色牢度，可用湿布或水擦洗而不发生变化。

③选购时，可以贴近产品闻其是否有异味，有味产品可能含有过量甲苯、乙苯等有害物质，不宜购买。

④壁纸表面涂层材料及印刷颜料都需经优选并严格把关，能保证墙纸经长期光照后（特别是浅色、

白色墙纸）而不发黄。

⑤看图纹风格是否独特，制作工艺是否精良。

（3）壁纸用量的估算。购买壁纸之前可估算一下用量，以便买足同批号的壁纸，减少不必要的麻烦，避免浪费。壁纸的用量用下面的公式计算：

壁纸用量（卷）＝房间周长×房间高度×（100＋K）%。式中，K为壁纸的损耗率，一般为3～10。K值的大小与下列因素有关。

①大图案比小图案的利用率低，因而K值略大；需要对花的图案比不需要对花的图案利用率低，K值略大；同向排列的图案比横向排列的图案利用率低，K值略大。

②裱糊面复杂的要比普通平面的需要壁纸多，K值高。

③拼接缝壁纸利用率高，K值最小；重叠裁切拼缝壁纸利用率最低，K值最大。

（4）壁纸认识上的误区。

①认为壁纸有毒，对人体有害。这是个错误的宣传导向。从壁纸生产技术、工艺和使用上来讲，PVC树脂不含铅和苯等有害成分，与其他化工建材相比，可以说壁纸是没有毒性的；从应用角度讲发达国家使用壁纸的量和面，远远超过我们。技术和应用都说明，塑料壁纸是没有毒性的，对人体是无害的。

②认为壁纸使用时间短，不愿经常更换、怕麻烦。壁纸的最大特点就是可以随时更新，经常不断改变居住空间的气氛，常有新鲜感。如果每年能更换一次，改变一下居室气氛，无疑是一种很好的精神调节和享受。国外发达国家的家庭有的一年一换，有的一年换两次，其中圣诞节、过生日都要换一下家中的壁纸。

③认为壁纸容易脱落。容易脱落不是壁纸本身的问题，而是粘贴工艺和胶水的质量问题。使用壁纸不但没有害处，而且有四大好处：一是更新容易；二是粘贴简便；三是选择性强；四是造价便宜。

6.2.2 装饰玻璃

装饰玻璃已由过去主要用于采光的单一功能向着控制光线、调节热量、节约能源、控制噪声、降低建筑自重、改善建筑环境、提高建筑艺术等多种功能发展，具有高度装饰性，已成为一种重要的装饰材料。（图6-57）

装饰玻璃的选购方法：

（1）检查玻璃材料的外观，看其平整度，观察有无气泡、夹杂物、划伤、线道和雾斑等质量缺陷。存在此类缺陷的玻璃，在使用中会发生变形或降低玻璃的透明度、机械强度以及玻璃的热稳定性。

（2）选购空心玻璃砖时，其外观质量不允许有裂纹，玻璃坯体中不允许有不透明的未熔融物，不允许两个玻璃体之间的熔接及胶接不良。目测砖体不应有波纹、气泡及玻璃坯体中的不均质所产生的层状条纹。玻璃砖的大面外表面里凹应小于1mm，外凸应小于2mm，重量应符合质量标准，无表面翘曲及缺口、毛刺等质量缺陷，角度要方正。

图6-57 装饰玻璃

（3）在运输玻璃材料时，应注意采取防护措施。成批运输时，应采用木箱装，并做好减振、减压的防护；单件运输时，也必须拴接牢固，加减振、减压的衬垫。

装饰玻璃分为：平板玻璃、浮法玻璃、钢化玻璃（强化玻璃）、夹层玻璃、夹丝玻璃（防碎玻璃）、中空玻璃、热反射玻璃、玻璃砖（特厚玻璃）、热熔玻璃、磨砂玻璃（毛玻璃）、彩绘镶嵌玻璃（彩绘玻璃）、雕刻玻璃（雕花玻璃）、冰花玻璃等。

6.2.3　装饰灯具

1. 吊灯

用于室内装饰的吊灯分为单头和多头两种，按外观结构可分为枝形、花形、圆形、方形、宫灯式、悬垂式等；按构件材质，有金属构件和塑料构件之分；按灯泡性质，可分为白炽灯、荧光灯、小功率蜡烛灯；按大小体积，可分为大型、中型、小型。(图6-58)

吊灯的选购方法：

使用吊灯应注意其上部空间也要有一定的亮度，以缩小上下空间的亮度差别，否则，会使房间显得阴森。吊灯的大小及灯头数的多少都与房间的大小有关。吊灯一般离天花板500~1000mm，光源中心距离天花板以750mm为宜，也可根据具体需要或高或低。如层高低于2.6m的居室不宜采用华丽的多头吊灯，不然会给人以沉重、压抑之感，仿佛空间都变得拥挤不堪。

2. 吸顶灯

灯具安装面与建筑物天花板紧贴的灯具俗称为吸顶灯具，适于在层高较低的空间中安装。(图6-59)

图6-58　吊灯

图6-59　吸顶灯

吸顶灯的选购方法：

(1) 看面罩。目前市场上吸顶灯的面罩多是塑料罩、亚克力罩和玻璃罩。其中最好的是亚克力罩，其特点是柔软、轻便，透光性好，不易被染色，不会与光和热发生化学反应而变黄，而且它的透光性可以达到90%以上。

(2) 看光源。有些厂家为了降低成本而把灯的色温做高，给人错觉以为灯光很亮，但实际上这种亮会给人的眼睛带来伤害，引起疲劳，从而降低视力。好的光源在间距1m的范围内看书，字迹清晰，如果字迹模糊，则说明此光源为"假亮"，是故意提高色温的次品。色温就是光源颜色的温度，也就是通常所说的"黄光""白光"。通常会用一个数值K（开尔文）来表示，黄光就是3300K以下、白光就是5300K以上。

(3) 看镇流器。所有的吸顶灯都是要有镇流器才能点亮的，镇流器能为光源带来瞬间的启动电压和工作时的稳定电压。镇流器的好坏，直接决定了吸顶灯的寿命和光效。要注意购买大品牌、正规厂家生产的镇流器。

3. 筒灯

筒灯属于点光源嵌入式直射光照方式，一般是将灯具按一定方式嵌入顶棚，并配合室内空间共同组成所要的各种造型，使之成为一个完整的艺术图案。(图6-60)

4. 射灯

射灯既能作主体照明，又能作辅助光源，它的光线极具可塑性，可安置在天花板四周或家具上部，也可置于墙内、踢脚线里直接将光线照射在需要强调的物体上，起到突出重点、丰富层次的效果。(图6-61)

图 6-60　筒灯

图 6-61　射灯

5. 壁灯

壁灯是室内装饰灯具，一般多配用乳白色的玻璃灯罩。灯泡功率多为 15～40W，光线淡雅和谐，可把环境点缀得优雅、富丽，尤以新婚居室特别适合。（图 6-62）

6.2.4　卫生洁具

1. 面盆

面盆又叫洗面盆，洗面盆虽小，但关系到生活的心情。选择一款美观实用的洗面盆，能让使用者的心情愉悦而自信。

传统的洗面盆只注重实用性，而现在流行的洗面盆更加注重外形，单独摆放，其种类、款式和造型都非常丰富。一般分为台式面盆、立柱式面盆和挂式面盆三种；而台式面盆又有台上盆、上嵌盆、下嵌盆及半嵌盆之分，立柱式面盆又可分为立柱盆及半立柱盆两种；从形式上分为圆形、椭圆形、长方形、多边形等；从风格上分为优雅形、简洁形、古典形和现代形等。（图 6-63）

图 6-62　壁灯

图 6-63　面盆

面盆的选购方法：

选用玻璃面盆时，应该注意产品的安装要求，有的面盆安装要贴墙固定，在墙体内使用膨胀螺栓进行盆体固定，如果墙体内管线较多，就不适宜使用此类面盆；除此之外，还应该检查面盆下水返水弯、面盆龙头上水管及角阀等主要配件是否齐全。

2. 坐便器

坐便器又称为抽水马桶，是取代传统蹲便器的一种新型洁具。坐便器按冲水方式来看，大致可分为冲落式（普通冲水）和虹吸式，而虹吸式又分为冲落式、漩涡式、喷射式等。（图 6-64）

坐便器的选购方法：

（1）由于卫生洁具多半是陶瓷质地，所以在挑选时应仔细检查它的外观质量。陶瓷外面的釉面质量十分重要。好釉面的坐便器光滑、细致，无瑕疵，经过反复冲洗后依然可以光滑如新。如果釉面质量不好，则容易使污物污染坐便器四壁。

（2）可用一根细棒轻轻敲击坐便器边缘，听声音是否清脆，当有"沙哑"声时证明坐便器有裂纹。

（3）将坐便器放在平整台面上，经向各方向的转动，检查是否平稳匀称，安装面及坐便器表面的边缘是否平整，安装孔是否均匀圆满。

（4）优质坐便器的釉面细腻平滑，釉色均匀一致。可以在釉面上滴几滴黛色的液体，并用布擦匀，数秒钟后用湿布擦干，再检查釉面，以无脏斑点的为佳。

（5）消费者在购买时应留意保修和安装服务，以免日后产生不便。一般正规的洁具销售商都具有比较完善的售后服务，消费者可享受免费安装、3～5年的保修服务，而小厂则很难保证。

3. 浴缸

浴缸是传统的卫生间洁具，经过多年的发展，无论从材质上还是功能上都有着很大的变化，已经不再是单一的洗澡功能了。目前市场上销售的浴缸有钢板搪瓷浴缸、亚克力浴缸，而近年来流行的木浴桶也深受老年人的喜爱。（图6-65）

图6-64　坐便器

图6-65　浴缸

浴缸的选购方法：

通常情况下浴缸的长度从1100～1700mm，深度一般在500～800mm之间。如果浴室面积较小，可以选择1100mm、1300mm的浴缸；如果浴室面积大，可选择1500mm、1700mm的浴缸；如果浴室面积足够大，可以安装按摩浴缸和双人用浴缸，或外露式浴缸。长度在1.5m以下的浴缸，深度往往比一般的浴缸深，约700mm，这就是常说的坐浴浴缸。由于缸底面积小，这种浴缸比一般浴缸容易站立，节约了空间同时不影响使用的舒适度。浴缸的选择还应考虑到人体的舒适度，也就是人体工程学。浴缸的尺寸符合人体的形象，包括以下几个方面：靠背要贴合腰部的曲线，倾斜角度是否使人舒服；按摩浴缸按摩孔的位置要合适；头靠使人头部舒适；双人浴缸的出水孔要使两人都不会感到不适；浴缸内部的尺寸应该是人背靠浴缸，伸直腿的长度；浴缸的高度应该在人体大腿内侧的三分之二最为合适。

4. 淋浴房

淋浴房是目前市场上比较热销的产品，有进口和国产的分别。由于其价格适中，安装简单，功能齐备，有符合卫生间干湿的要求，所以很受消费者的青睐。目前，从功能方面分为：淋浴房、电脑蒸汽房、整体淋浴房。从形态方面分为：立式角形淋浴房、一字形浴屏、浴缸上浴屏。（图6-66）

淋浴房的选购方法：

（1）淋浴房的主材为钢化玻璃，钢化玻璃的品质差异较大，正品的钢化玻璃仔细看有隐隐约约的花纹。

（2）淋浴房的骨架采用铝合金制作，表面做喷塑处理，不腐、不锈。主骨架铝合金厚度最好在1.1mm以上，这样门才不易变形。

（3）珠轴承是否灵活，门的启合是否方便轻巧，框架组合是否使用不锈钢螺钉。

（4）材质分玻璃纤维、亚克力、金刚石三种，其中金刚石牢度最好，污垢清洗方便。

（5）一定要购买标有详细生产厂名、厂址和商品合格证的产品，同时比较售后服务，并索取保修卡。

5. 水槽

水槽是厨房中必不可少的卫生洁具，一般用于橱柜的台面上。常见的材质有耐刷洗的不锈钢水槽，颜色丰富、抗酸碱的人造结晶石水槽，质地细腻与台面可无缝衔接的可丽耐水槽，陶瓷珐琅水槽，花岗石混合水槽等数种。（图6-67）

图6-66　淋浴房

图6-67　水槽

6. 水龙头

水龙头是室内水源的开关，负责控制和调节水的流量大小，是室内装饰装修必备的材料。现代水龙头的设计谋求人与自然和谐共处的理念，以自然为本，以自然为师，以最尖端的科技和完美的细节品质，使每一种匠心独具的产品都是自然与艺术的精彩展现，给人们的日常生活带来愉悦的心情。常用水龙头分为：冷水龙头、面盆龙头、浴缸龙头、淋浴龙头四大类。（图6-68）

水龙头的选购方法：

水龙头的阀芯决定了水龙头的质量。因此，挑选好的水龙头首先要了解水龙头的阀芯。目前常见的阀芯主要有三种，即陶瓷阀芯、金属阀芯和轴滚式阀芯。陶瓷阀芯的优点是价格低，对水质污染较小，但是陶瓷质地较脆，容易破裂；金属球阀芯具有不受水质的影响，可以准确地控制水温，拥有节约能源的功效等优点；轴滚式阀芯的优点是手柄转动流畅，操作容易简便，手感舒适轻松，耐老化、耐磨损。

6.2.5　电器设备

1. 抽油烟机

抽油烟机是保持厨房洁净的必备电器。由于我国特有的烹饪方式，使得人们在对抽油烟机的选择上尤为挑剔，既要满足功能实用、效果美观，又要和整个厨房的风格相搭配。目前市场上的抽油烟机有薄型机、深型机和柜式机三种类型。（图6-69）

图6-68　水龙头

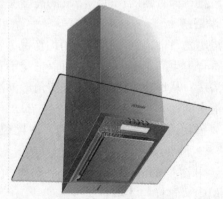

图6-69　抽油烟机

抽油烟机的选购方法：

选购抽油烟机时要考虑到安全性、噪声、风量、主电机功率、类型、外观、占用空间、操作方便性、售价及售后服务等。一般来讲，通过长城认证的抽油烟机，其安全性更可靠，质量有保证。在噪声方面，国家标准规定抽油烟机的噪声不超过 65 ~ 68dB。另外一种要素就是抽排效率只有保持高于 180Pa 的风压，才能形成一定距离的气流循环。风压大小取决于叶轮的结构设计，一般抽油烟机的叶轮多采用涡流喷射式。

另外，一些小厂家为了降低成本，将风机的涡轮扇叶改成塑料的。在这样的厨房环境中，塑料涡轮扇叶容易老化变形，也不便清洗，所以用户应尽可能选购金属涡轮扇叶的抽油烟机。

2. 燃气灶

燃气灶是人们日常生活的必备用品，既要美观实用，又要安全可靠。目前市场上燃气灶种类繁多，按使用气种分，有天然气灶、液化石油气灶两种；按材质分，有铸铁灶、搪瓷灶、不锈钢面板灶、钢化玻璃面板灶等；按安装方式分，有台式燃气灶和嵌入式燃气灶两种。（图 6-70）

图 6-70 燃气灶

燃气灶的选购方法：

（1）在选购之前必须清楚自己所居住地区究竟使用哪一种燃气。我国城市燃气主要分为三大类：人工煤气、天然气和液化石油气。燃气灶产品按照使用气源不同也分为相应的三大类，在购买时不要选错。

（2）可通过观察产品包装和外观大致辨别产品质量。通常情况下，优质燃气灶产品其外包装材料结实，说明书与合格证等附件齐全，印刷内容清晰；燃气灶外观美观大方，机体各处无碰撞现象，一些以铸铁、钢板等材料制作的产品表面喷漆应均匀平整，无气泡或脱落现象。燃气灶的整体结构应稳定可靠，灶面要光滑平整，无明显翘曲，零部件要安全牢固可靠，不能有松脱现象。

（3）燃气灶的开关旋钮、喷嘴及点火装置的安装位置必须准确无误。通气点火时，应基本每次点火都可使燃气点燃起火（启动 10 次至少应有 8 次可点燃火焰），点火后 4 秒内火焰应燃遍全部火孔；利用电子点火器进行点火时，人体在接触灶体的各金属部件时，无触电感觉。火焰燃烧时应均匀稳定呈青蓝色，无黄火、红火现象。

（4）注意燃烧方式。现在燃气灶具按照燃烧器划分为直火燃烧及旋转火燃烧。通常，旋转火燃烧热效率较高，火力较集中，适合于爆炒。但随热负荷的增大，旋转火的烟气易超标，而直火燃烧火力较均匀，烟气一般不易超标。

（5）要注意燃气灶必须有熄火保护安全装置。当灶头上的火被煮沸的水浇灭时，灶具会自动切断气源，以免造成难以预料的危险。从工作原理上分为两种：热电偶和自吸式电磁阀。热电偶是温度感应装置，其反应较慢，而电磁阀反应灵敏，但较为耗电。消费者在购买时一定要注意这一点。

（6）买大厂家、大品牌的成熟产品。名牌质量方面的隐患可以少一点，不要随意购买那些杂牌灶具，以免购买后使用过程中出现故障，无处维修是小，造成危险和损失是大。

3. 浴霸

浴霸是通过特制的防水红外线灯和换气扇的巧妙组合将浴室的取暖、红外线理疗、浴室换气、日常照明、装饰等多种功能结合于一体的浴用小家电产品。目前市场上销售的浴霸类型主要有：四合一循环加热浴霸（取暖、照明、换气、吹风）、负离子净化功能浴霸、三合一经济实惠型浴霸（取暖、照明、换气）、智能全自动五合一浴霸、红外线宽频辐射浴霸。（图 6-71）

浴霸的选购方法：

（1）选择安全、高质量取暖灯的浴霸。取暖灯泡，即红外线石英辐射灯，选购时一定要注意其是否有足够的安全性，要严格防水、防爆；灯头应采用双螺纹以杜绝脱落现象。由于成本的原因，国内有些厂家的灯泡防爆性能差，热效率低，而一些优质的品牌则采用了石英硬质玻璃，热效率高、省电，并经过严格的防爆和使用寿命的测试。此外，应尽量挑选取暖灯泡外有防护网的产品。

（2）浴霸面罩的表面应光洁、耐高温、阻燃等级高。一些大品牌厂家采用了美国通用电气公司的塑材，可以耐200℃的高温，阻燃等级自然为2s。这是一般使用PPO、ABS塑材的产品所不能相比的。

（3）选购时应检查是否有我国对家电产品要求统一达到产品质量的3C认证标志，获得认证的产品机体或包装上应有3C认证字样。

（4）选择售后服务有保障的产品，一般保修期为1～3年或终身维修。

4. 热水器

热水器最大的好处就是在现代快节奏的生活中，经过一天劳累工作，回家能舒舒服服洗个热水澡。目前市场上的热水器可分为三大类：燃气热水器、电热水器、太阳能热水器。（图6-72、图6-73、图6-74）

图6-71 浴霸

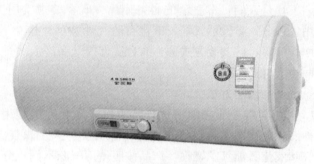

图6-72 电热水器

图6-73 燃气热水器

图6-74 太阳能热水器

第七章　室内设计标书的施工流程详解

室内设计的施工流程一般分为前期、初期、中期、后期、收尾 5 个阶段。下面具体讲解每个阶段的各项内容。

7.1　施工前期准备

7.1.1　前期准备

1. 检查原始图是否与房屋实际尺寸相符，尺寸偏差小于 3cm。

2. 检查天花、墙面是否有渗漏和空鼓现象，检查屋顶、门窗、外窗台、外墙、露台、阳台是否有渗漏和开裂现象，如有空鼓和渗漏现象必须由物业部门加以整改。

3. 检查原电路（插头、灯头）是否有电，并记录好电表、水表读数。如电路有障碍应立即通知业主，由物业加以整改。

4. 检查弱电系统（电话线、电视线、网络线）是否正常；检查给排水管是否有异常情况，冲水试验。如电路有障碍应立即通知业主，由物业加以整改。

5. 检查地坪、楼板、楼顶板是否平整、有无裂纹现象，墙面、顶面是否平整、垂直，墙体夹角是否成 90°，如有问题应立即通知业主，由物业加以整改。

7.1.2　施工交底

施工图的尺寸应与现场尺寸基本相符，检查施工图有无不到位或矛盾之处。施工项目、内容及具体要求，了解物业管理的有关规定。一般尺寸偏差要小于 2cm，如有问题应立即修正尺寸或设计方案。

7.1.3　开工准备

1. 在墙面上弹划水平基准线，控制和明确厨房、卫生间的地砖高度线，该线离地 1m、水平偏差小于 2mm。

2. 设置施工人员专用坐便器、水池、工具箱和垃圾袋，施工现场配置两个灭火器，设置管理性标牌。不到位不予开工。

3. 对排水管道做临时封口处理，避免杂物进入管道；防盗门保护。不到位不予开工。

7.2　施工初期流程

7.2.1　第一次材料进场

根据前期设计确定水电工的辅助材料（包括：电线，PVC 管，PVC 管的直接、弯头、三通等；水电的 PPR 管，PPR 管的直接、弯头、三通等），水泥，砂，石，空心砖等。

7.2.2　墙体改造、砌粉

1. 墙体改造前须办理相关手续，严禁擅自改动建筑主体承重结构和改变房间使用功能，严禁擅自拆改暖气、通讯等设施，手续由业主负责办理，手续不全不予开工。

2. 灰浆的水泥、砂石配比含量正确，严禁在预铺地板的地坪上拌水泥砂浆，须用专用水泥搅拌盒搅拌。水泥强度等级不小于 32.5MPa，水泥与砂石配比为 1∶2。

3. 抹灰用的水泥宜为硅酸盐水泥、普通硅酸盐水泥，不同品种不同强度等级的水泥不得混合使用。抹灰用砂子宜选用中砂，砂子使用前应过筛，不得含有杂物。水泥应有产品合格证书，在公司材料封样间陈列。

4. 拆墙前先机械切割，再用钢钎凿除，严禁用大锤直接敲打墙体，否则将按规定处罚。

5. 不同材料基体交接处表面的抹灰应采取防止开裂的加强措施，混凝土表面应凿毛或在表面洒水润湿后涂刷 1∶1 水泥砂浆（加适量胶粘剂），水泥砂浆拌好后，应在初凝前用完，凡结硬砂浆不得继续使用。

6. 门洞砌口位置、尺寸符合设计要求，砖砌体应清除表面杂物、尘土，抹灰前应洒水湿润。门窗安装应采用预留洞口的施工方法，不得采用边安装边砌口或先安装后砌口的施工方法，尺寸偏差小于等于 6mm。

7. 用水泥砂浆和水泥混合砂浆抹灰时，应待前一抹灰层凝结后方可抹后一层，底层的抹灰层强度不得低于面层的抹灰层强度。水泥砂浆拌好后，应在初凝前用完，凡结硬砂浆不得继续使用。大面积抹灰前应设置标筋。新开凿门窗时，在粉墙之前，须用不锈钢丝网（网眼 1cm×1cm）用钢钉固定在新老墙交接处。

8. 玻璃砖墙宜以 1.5m 高为一个施工段，待下部施工段胶结材料达到设计强度后再进行上部施工，当玻璃砖墙面积过大时应增加支撑。玻璃砖墙的骨架应与结构连接牢固。

9. 平板玻璃隔墙，安装玻璃前应对骨架、边框的牢固程度进行检查，如有不牢应进行加固。

10. 下水立管管道封砌高度应超过吊顶线，尺寸上下一致，用垂直的角尺测量，超过吊顶线 10cm。

11. 冬期施工，抹灰时的作业面温度不宜过低；抹灰层初凝前不得受冻，温度不宜低于 5℃。

12. 开凿复合地板伸缩缝槽，先弹线、后用机械切割，再用钢钎凿除。

7.2.3 水电定位

符合设计要求，注意水电终端与家具等物件的距离，并取得甲方（业主）的认可，要求甲方（业主）亲临现场确认（签字）。

7.2.4 开凿线管槽

先用直尺划线，后用机械切割，再用钢钎凿除，管线槽深度不小于 3.5cm。

7.2.5 机械打墙洞

根据前期设计要求钻洞，位置、高度、直径正确，不少钻、不错钻。

7.2.6 铺设给排水管

1. 布线管应平行垂直，尽可能不走斜线，交叉重叠时下方用桥管，否则不予开工。检查水电线路排设的内容和材料是否符合合同要求。

2. 终端标高、间距应符合设计要求，管道终端 10mm 处应设管卡，应平整端正牢固并用水泥封固，水平偏差不小于 3mm。

3. 水管安装不得靠近电源和热气管，水管端口避开电管插座，避免交叉，相隔大于 150mm。

4. PPR 热水管和铜制管配件埋设前须用胶带和保温材料包裹。

5. 冷热水管排设左热右冷、上热下冷，平行间距应不小于 200mm。

6. 冷热水管排设完毕后，用压力泵测试，待地板工程结束后再作第二次测试。不应在地板下走，水压要打到 8kg/cm² ，给水管在试压前必须将增压泵暂时拆下。

7. 全自动洗衣机排水管应单独铺设，不宜与其他台盆、立盆、水槽、地漏相连接，给排水管材件应符合设计要求并应有产品合格证书。

8. 坑位改造时，如坑位和立管间的连接管超过 1m，应安装检查口，检查口下方不应有固定式吊顶。

9. 浴缸、台盆、立盆、地漏移位时均应安装带检查口的存水弯头。

10. 给排水隐藏工程结束后，应拍摄记录在案，并绘制管线走向图。

7.2.7　铺设液化气管

液化气专用管如需调整，必须由天然气公司上门安装，联系甲方（业主）并现场指导天然气公司安装。

7.2.8　铺设强弱电管线

1. 强弱电线路走向、标高、开关插座的位置应合理并符合设计要求，违者返工。

2. 相线（火线）L 红色、零线 N 蓝色、黄绿双色为保护线（PE）。管内导线的总截面积，包括绝缘外皮不应超过管内径截面积的 40%，违者返工。穿弹簧弯曲 PVP 线管，电线、线头连接应符合标准，采用双层专用胶带包裹，强电、弱电不可混穿同一根线管。

3. 电气开关插座应避开煤气管，相隔大于 150mm。

4. 电线头不可裸露，暗盒线头保持一定长度，不能少于 10cm，并绕成弹簧状。

5. 线管内不可有接头和扭结，电线能抽动，老插座如要移位应将原线抽出，然后重新穿线。

6. 开关、插座暗盒安装应平整，偏差小于 2mm。

7. 吊顶内灯头、接线盒应便于检修，并加盖板。使用软管接到灯位的其长度不应超过 1m，原顶灯头移位时，灯光线应穿黄蜡管，不得将阻燃线管、配管固定在顶的龙骨上。

8. 吊顶内的导线应穿金属管或 B1 级 PVC 管保护，导线不得裸露。

9. 接地保护应可靠，绝缘电阻值应大于 0.5MΩ。

10. 电源插座底边离地面不低于 25cm，开关离地面 1.2 ~ 1.4m，违者返工。

11. 接线时相线进开关，零线直接进灯头，螺口灯头相线不应接外壳，违者返工。

12. 检验插座上的相线、零线和地线位置是否符合要求（左 N、右 L、中上 PE），违者返工。

13. BV、TV 线应单独穿管，违者返工。

14. 电源线及插座与电视、电话插座应保持一定距离，水平间距不小于 10cm。

15. 空调、浴霸、插座应单独放线，违者返工。

16. 各种新型管材的安装应按生产企业提供的产品说明书进行施工。

17. 铺复合地板的门槛下方，严禁铺设水管、电管，水压要打到 8kg/cm² ，给水管在试压前必须将增压泵暂时拆下。

18. 强弱电隐藏工程结束后，应拍摄记录在案，并绘制管线走向图。

7.3　施工中期流程

7.3.1　补粉线管槽

补粉线管槽应做到：平整、填实、不空洞、无砂眼。

7.3.2　第二次材料进场

木工的基层材料（各种规格的木龙骨，承载层和饰面板等），木工的辅助材料（各种规格的钉子、五金零件、木钉、射钉、乳胶等）。漆工的材料（底漆、刷子等）。

7.3.3 塑钢门窗

1. 塑钢门窗安装五金配件时，应钻孔后用自攻螺钉拧入，不得直接锤击钉入，门窗框、副框和扇的安装必须牢固。

2. 门窗框与墙体间缝隙不得用水泥砂浆填塞，应采用弹性材料填嵌饱满，表面应用密封胶密封。

3. 用磁铁检查塑钢窗框是否串钢。

7.3.4 砌粉拖把池

砌粉拖把池应做到：高度、位置、尺寸符合设计要求，下落水应通畅。

7.3.5 地面找平

1. 水泥砂石或中砂灰浆比例正确（1:2），找平前应清理地坪，找平前必须先做好灰饼，找平层牢固、平整光洁，防水涂料应有产品合格证书。

2. 保养期为10天左右，待水泥发白后，方可进场施工或防水工程和贴地砖。

7.3.6 防水工程

1. 防水工程应在地面、墙体改造及水电隐蔽工程完毕并经检测合格后进行。

2. 在做防水工程前，其基层表面应平整清洁，不得有空鼓、起沙、开裂、潮湿等缺陷，施工环境温度在5摄氏度以上。

3. 防水施工宜采用涂膜防水，施工时应设置安全照明，并保持通风。

4. 防水工程应做两次蓄水试验，地漏、套管、卫生洁具根部、阴阳角等部位，在防水施工前应先做"堵漏王"防水附加层，防水层应从地面延伸到墙面，防水胶膜涂刷应均匀一致，不得漏刷。

5. 防水层应从地面延伸到墙面，高出地面30cm，浴室冲淋房和浴缸外应高出地面180cm，地板与地砖铺设交接处应设有防水层隔离胶膜。

7.3.7 吊顶、隔断

1. 应根据吊顶的设计标高在四周墙上弹线。弹线应清晰、位置应准确，吊顶龙骨悬挂件安装应牢固，隔墙基层应平整、牢固。

2. 后置埋件、金属吊杆进行防锈处理，木吊杆、木龙骨、造型木板和木饰面板应进行防腐、防火、防蛀处理。

3. 主龙骨吊点间距、起拱高度应符合设计要求，主龙骨安装后应及时校正其位置标高及平整度，连接件应错位安装，当吊杆与设备相遇时，应调整吊点构造或增设吊杆，当设计无要求时，吊点间距应小于1.2m，龙骨间距不宜大于400mm。

4. 次龙骨可用圆钉固定在主龙骨，两边的次龙骨应错位安装，次龙骨之间的间距一般为40cm。

5. 以轻钢龙骨、铝合金龙骨为骨架，采用钉固法安装时应使用沉头自攻钉固定。

6. 以木龙骨为骨架，采用钉固法安装时应使用木螺钉固定，骨架横、竖龙骨宜采用开半榫、加胶、加钉连接，固定板材的次龙骨间距不得大于600mm，在潮湿地区和场所，间距宜为300~400mm。

7. 安装排气扇、吊灯的地方先要安装好相应的龙骨。

8. 纸面石膏板安装，纸面石膏板与龙骨固定，应先从一块板的中间向板的四周固定，采用专用沉头自攻螺钉固定，板材应在自由状态下进行固定，防止出现弯棱、凸鼓现象，自攻螺钉与纸面石膏板边距离，用沉头自攻钉安装饰面板时，接缝处次龙骨宽度，安装双层石膏板时，面层板与基层板的接缝应错开，自攻螺丝不冒头，纸面不破损，钉面作防锈处理，钉距15~17cm。

9. 安装饰面板前应完成吊顶内管道和设备的调试和验收。

10. 板周钉距宜为150～170mm，板中钉距不得大于200mm，纸面石膏板螺钉与板边距离，纸包边宜为10～15mm，切割边宜为15～20mm；水泥加压板螺钉与板边距离宜为8～15mm。

11. 灯孔直径应符合灯具尺寸，阁楼、楼板打孔时，冲击钻应安装定位器，成排灯孔中心线偏差小于5mm。

12. 表面平整垂直，边角分明，吊顶平整度偏差小于5mm，用2m水平直尺测靠。

7.3.8 木结构与木质家具结构制作

1. 家具木工配料

配料应根据家具结构与木料的使用方法进行安排，主要分为木方料的选配和胶合板开料布置两个方面。应按先配长料和宽料、后配小料；先配长板材、后配短板材的顺序搭配安排。对于木方料的选配，应先测量木方料的长度，然后再按家具的竖框、横档和腿料的长度尺寸要求放长30～50mm截取（留有加工余量）。木方料的截面尺寸在开料时应按实际尺寸的宽、厚各放大3～5mm，以便刨削加工。

2. 对家具木工进行刨削加工

对于木方料进行刨削加工时，应首先分别木纹。不论是机械刨削或是手工刨削，均按顺木纹方向。先刨大面，再刨小面，两个相邻的面刨成90°角。构件的结合面（或称工作面）应选平直并不显节疤的面向材芯的一面；尽可能将面向材皮的一面用于构件的背面。

3. 划线前要备好量尺

划线：划线前要备好量尺（卷尺和不锈钢尺等）、木工铅笔、角尺、回规及划线台等，应认真读懂图纸，清楚理解工艺结构、规格尺寸和数量等技术要求。基本操作步骤如下：

①首先检查加工件的规格、数量，并根据各工件的表面颜色、纹理、节疤等因素确定其正反面，并作好临时标记。

②在需要对接的端头留出加工余量，用直角尺和木工铅笔画一条基准线。若端头平直，又属作开裤一端，即不画此线。

③根据基准线，用量尺度量划出所需的总长尺寸线或裤肩线。再以总长线和裤肩线为基准，完成其他所需的裤眼线。

④可将两根或两块相对应位置的木料拼合在一起进行划线，画好一面后，用直角尺把线引向侧面。

⑤所画线条必须准确、清楚。划线之后，应将空格相等的两根或两块木料颠倒并列进行校对，检查划线和空格是否准确相符，如有差别，即说明其中有错，应及时查对纠正。

4. 裤槽及拼板施工

5. 木家具组装分部件组装和整体组装

室内装修公司组装前，应将所有的结构件用细刨刨光，然后按顺序逐件进行装配，装配时，注意构件的部位和正反面。衔接部位需涂胶时，应刷涂均匀并及时擦除挤出的胶液。锤击拼装时，应将锤击部位垫上木板或木块、不可猛击；如有拼合不严处，应查找原因并采取修整或补救措施，不可硬敲硬装就位。各种五金配件的安装位置应定位准确，安装紧密严实、方正牢靠，结合处不得崩茬、歪扭、松动，不得缺件、漏钉和漏装。

6. 线脚收口

现代装饰占工程中的家具，常用增加装饰性线条的方法来体现装饰格调，把家具与室内的风格统一起来。

7.3.9 刷木清漆

1. 清理木结构与家具表面。

2. 细砂纸打磨一遍。

3. 钉眼防锈处理。

4. 腻子分刷第一遍。

5. 干透后细砂纸打磨一遍。

6. 腻子粉刷第二遍。

7. 干透后细砂纸再打磨一遍。

8. 根据木纹纹理清晰度要求，浅点的话就再刮一遍腻子粉再砂纸打磨一次，明显的话就可以刷漆了，面漆一般刷 2~3 遍，主要是看效果来刷。

7.4 施工后期流程

7.4.1 第三次材料进场

面漆、墙料、底料、地砖、墙面砖、卫生洁具等。

7.4.2 油漆饰面

油漆饰面是最传统的饰面工艺之一。随着各种新材料和新工艺的使用，它的应用范围也越来越广，装饰等级从低到高。

油漆饰面施工方法多种多样，可锯、辊、喷操作简便易行，工效亦较高。

油漆饰面可应用于混凝土、砖体、木材、各种木质材料、塑料、石材、金属等各种材料表面．因而应用面非常广，很少受基层材料因素的限制。

7.4.3 乳胶漆工程

1. 基层处理

先将装修表面上的灰块、浮渣等杂物用开刀铲除，如表面有油污，应用清洗剂和清水洗净，干燥后再用棕刷将表面灰尘清扫干净；表面清扫后，用水与醋酸乙烯乳胶（配合比为 10∶1）的稀释液将 SG821 腻子调至合适稠度，用它将墙面麻面、蜂窝、洞眼、残缺处填补好。腻子干透后，先用开刀将多余腻子铲平整，然后用粗砂纸打磨平整。

2. 满刮两遍腻子

第一遍应用胶皮刮板满刮，要求横向刮抹平整、均匀、光滑，密实平整，线角及边棱整齐为度。尽量刮薄，不得漏刮，接头不得留槎，注意不要玷污门窗框及其他部位，否则应及时清理。待第一遍腻子干透后，用粗砂纸打磨平整。注意操作要平衡，保护棱角，磨后用棕扫帚清扫干净；第二遍满刮腻子方法同第一遍，但刮抹方向与前腻子相垂直。然后用粗砂纸打磨平整，否则必须进行第三遍、第四遍，用 300W 太阳灯侧照墙面或天棚面用粗砂纸打磨平整，最后用细砂纸打磨平整光滑为准。

3. 底层涂料

施工应在干燥、清洁、牢固的层表面上进行，喷涂一遍，涂层需均匀，不得漏涂。

4. 中层涂料施工

涂刷第一遍中层涂料前如发现有不平整之处，用腻子补平磨光。涂料在使用前应用手提电动搅拌枪充分搅拌均匀。如稠度较大，可适当加清水稀释，但每次加水量需一致，不得稀稠不一。然后将涂料倒入托盘，用涂料辊子蘸料涂刷第一遍。辊子应横向涂刷，然后再纵向滚压，将涂料赶开，涂平。滚涂顺序一般为从上到下，从左到右，先远后近，先边角棱角、小面后大面。要求厚薄均匀，防止涂料过多流坠。辊子涂不到有阴角处，需用毛刷补充，不得漏涂。要随时剔除沾在墙上的辊子毛。一面墙要一气呵成。避免接槎刷迹重叠现象，玷污到其他部位的涂料要及时用清水擦净。第一遍中层涂料施工后，一般需干燥 4h 以上，才能进行下道磨光工序。如遇天气潮湿，应适当延长间隔时间。然后，用细砂纸进行打磨，打磨时用力要轻而匀，并不得磨穿涂层，磨后将表面清扫干净；第二遍中层涂刷与第一遍相同，但不再磨光。涂刷后，应达到一般乳胶漆高级刷浆的要求（如果前面腻子和涂料底层处理得好可以不进行本层的深刷）。

5. 乳胶漆面层喷涂

由于基层材质、龄期、碱性、干燥程度不同，应预先在局部墙面上进行试喷，以确定基层与涂料的相容情况，并同时确定合适的涂布量；乳胶漆涂料在使用前要充分摇动容器，使其充分混合均匀，然后打开容器，用木棍充分搅拌；喷涂时，喷嘴应始终保持与装饰表垂直（尤其在阴角处），距离约为 0.3 ~ 0.5m（根据装修面大小调整），喷嘴压力为 0.2 ~ 0.3mm² 喷枪呈 Z 字形向前推进，横纵交叉进行。喷枪移动要平衡，涂布量要一致，不得时停时移，跳跃前进，以免发生堆料、流挂或漏喷现象；为提高喷涂效率和质量，喷涂顺序应按：墙面部位→柱部位→预留面部位→门窗部位，该顺序应灵活掌握，以不增重复遮挡和不影响已完成的饰面为准。

6. 清扫

清除遮挡物，清扫飞溅物料。

7.4.4 铺贴墙砖

1. 铺贴前应进行放线定位和排砖，非整砖应排放在次要部位或阴角处。每面墙不宜有两列非整砖，非整砖宽度不宜小于整砖的 1/3。

2. 墙面砖铺贴前应进行挑选，检查墙砖是否有缺陷，如有缺陷则应报请甲方（业主）或装饰公司，釉面砖粘贴前应浸水 2h 以上并阴干。

3. 铺贴前应确定水平及竖向标志，垫好底尺，挂线铺贴。墙面砖表面应平整、接缝应平直、缝宽应均匀一致。

4. 结合砂浆宜采用 1:2 水泥砂浆，水泥砂浆应满铺在墙砖背面，一面墙不宜一次铺贴到顶，以防塌落，砂浆厚度宜为 6 ~ 10mm。

5. 开关插座暗盒应先拧上螺丝，开孔大小合适，腰砖、花砖方向、位置应准确，偏差小于 3mm 避免开关插座面板，龙头碗口与墙砖缝隙过大。

6. 阴角砖应压向正确，阳角线宜做成 45°角对接，在墙面突出物处，应整砖套割吻合，不得用非整砖拼凑铺贴。

7. 墙砖铺贴工程应在墙面隐蔽及抹灰工程、吊顶龙骨工程已完成并经验收后进行。当墙体有防水要求时，应对防水工程进行验收，在防水层上粘贴饰面砖时，粘结材料应与防水材料的性能相容。

8. 墙砖贴好后及时剔除砖缝灰浆，隔天后用手指挑白水泥浆或专用填缝剂嵌缝，并擦清砖面。

9. 采用湿作业法铺贴的天然石材应作防碱处理，湿作业施工现场环境温度宜在 5℃ 以上。

10. 墙砖铺贴空鼓少于 5%，且铺贴平整、拼角直顺，砖缝均匀、对角处无高低、无错位，直角度、垂直度，偏差小于 3mm。

7.4.5 铺贴地砖

1. 先预排后铺贴，门口处（浴缸处）为整砖，非整砖排在台、立盆等阴角处，墙砖必须压地砖。

2. 铺贴前应确定结合层砂浆厚度，拉十字线控制其厚度和石材、地面砖表面平整度。

3. 结合层砂浆宜采用体积比为 1:3 的干硬性水泥砂浆，厚度宜高出实铺厚度 2 ~ 3mm。铺贴前应在水泥砂浆上刷一道水灰比为 1:2 的素水泥浆或干铺水泥 1 ~ 2mm 后洒水。

4. 石材、地面砖铺贴时应保持水平就位，用橡皮锤轻击使其与砂浆粘结紧密，同时调整其表面平整度及缝宽。

5. 铺贴后应及时清理表面，24h 后应用 1:1 水泥浆灌缝，选择与地面颜色一致的颜料与白水泥拌和均匀后嵌缝。

7.4.6 浴缸安装

1. 砌粉浴缸前应先贴地砖（浴缸底部贴砖）。
2. 缸底无积水，严禁使用塑料落水管，落水接头严密无漏水。
3. 浴缸龙头与浴缸下水口中心应对齐，缸底用砖砌实并灌砂。
4. 检查排水接口是否对位，是否密封严实。

7.4.7 地漏安装

1. 地漏周边无积水，须用单行道防臭、防虫地漏。
2. 地漏应低于地砖 1 ~ 2mm，缝隙小于 2mm。
3. 当地漏管和原地漏管道脱节时应加装 PVC 套管，缝隙小于 2mm。

7.4.8 大理石门槛

1. 门槛宽度应与门套一致，门槛应比卫生间地砖高出 1 ~ 2cm，门槛安装必须在门套安装前完成。
2. 沿边应光直、无爆边。
3. 天然石材应无褪色现象，可用湿布擦拭。

7.4.9 石材窗台板

1. 用水泥砂浆粘接牢固、沿口下方与墙面的缝隙用水泥填平，窗台板必须在窗套安装前完成。
2. 应做到：平整、填实、光洁、无爆边、无空鼓、无裂纹，平整度偏差小于 2mm。

7.4.10 客、餐厅地砖

1. 客、餐厅地砖应在木制工程结束，涂料工程过半时进行。
2. 无空鼓（管线处除外）。
3. 拼花走边符合设计要求，拼角、拼缝处无高低，砖缝一致，平整度偏差小于 5mm，高低偏差小于 0.5mm，建议使用十字定位架。
4. 先预排后铺贴，门口处为整砖，非整砖排在不显眼处，验收合格后即用塑料薄膜和纸板箱等加以保护。

7.5 施工收尾流程

7.5.1 第四次材料进场

电源插座、插板、灯泡、灯具、各种面板、各种玻璃、开关、地板等。

7.5.2 电源开关、灯具等安装

1. 插座安装应符合下列规定：
①当不采用安全型插座时，托儿所、幼儿园及小学等儿童活动场所安装高度不小于 1.8m。
②暗装的插座面板紧贴墙面，四周无缝隙，安装牢固，表面光滑整洁、无碎裂、划伤。
③车间及试（实）验室的插座安装高度距地面不小于 0.3m，特殊场所暗装的插座不小于 0.15m，同一室内插座安装高度一致。
④地插座面板与地面齐平或紧贴地面，盖板固定牢固，密封良好。
2. 照明开关安装应符合下列规定：
①开关安装位置便于操作，开关边缘距门框边缘的距离 0.15 ~ 0.2m，开关距地面高度 1.3m，拉线开

关距地面高度 2～3m，层高小于 3m 时，拉线开关距顶板不小于 100mm，拉线出口垂直向下。

②相同型号并列安装及同一室内开关安装高度一致，且控制有序不错位。并列安装的拉线开关的相邻间距不小于 20mm。

③暗装的开关面板应紧贴墙面，四周无缝隙，安装牢固，表面光滑整洁、无碎裂、划伤。

3. 灯具安装

①必须牢固。

②安装室内灯，灯具的金属外壳必须接地可以保证使用安全。

③卫生间安装矮脚灯头时宜采用瓷螺口矮脚灯头。

④台灯等带开关的灯头，为了安全，开头手柄不应有裸露的金属部分。

⑤装饰吊平顶各类灯饰时，按灯具安装说明进行安装。

⑥吊顶或护板墙内的暗线必须有阻燃套管保护。

7.5.3　各种面板、玻璃安装

1. 衣柜门安装

现在的衣柜基本上都是 3 合一连接件，组装而成。买的成品衣柜也好，还是定制衣柜，都是散件送货上门，生产商都有组装图的，也有帮安装的工人。

2. 穿衣镜安装

①钉固法：用螺钉把装饰玻璃镜固定在墙面（或柱面、顶面）基层上。要求墙面平整。安装前，应在玻璃镜背面粘贴一层牛皮纸，安装时在镜子与墙面之间加铺一层衬垫，安装后用嵌缝膏封闭周边，防止潮气侵入。

②嵌压法：卫生间或更衣间里的穿衣镜一般采用这种方法，采用不锈钢、铝合金或木线条做玻璃镜的边框，用钉固法先把边框与墙基层固定，再把玻璃镜镶嵌在边框内。

7.5.4　地板安装

1. 开料后平放、搁空晾干，地板格栅安装时含水率符合要求，尽量使用成品地板，含水率小于 14%。

2. 地板安装应平整，牢固，无松动感，用 2m 直尺测靠，偏差小于 3mm。

7.5.5　补油漆

经过电源开关安装、地板墙角线安装、个别处施工制作等对墙壁油漆损坏，最后进行一次补漆，全面完善室内油漆效果。

7.5.6　整理现场和打扫卫生

整个室内装饰工程结束后，将各种废弃的材料与施工工具清理完毕，并打包送至小区物业建筑垃圾点。最后将整个室内空间打扫整洁、干净。

第八章 室内设计标书的工程预算编制

8.1 室内装饰工程量清单计价的概念

工程造价，是指进行一个工程项目的建造所需要花费的全部费用，即从工程项目确定建设意向直至建成、竣工验收为止的整个建设期间所支出的总费用，这是工程项目建造正常进行的保证，是建设项目投资中最主要的组成部分。

对于任何一项室内装饰工程，我们都可以根据图纸在施工前确定工程所需要的人工、机械和材料的数量、规格和费用，预先计算出该项工程的全部造价。

建筑装饰工程工程量清单计价是根据《建设工程工程量清单计价规范》（GB 50500—2013）和《房屋建筑与装饰工程计量规范》（GB 50854—2013）等有关资料，编制工程量清单和综合单价，进而确定招标标底或投标报价的办法。

工程量清单计价方法是建设工程招投标中，招标人按照国家统一的工程量计算规则提供工程量清单，投标人依据工程量清单、拟建工程的施工方案、结合自身实际情况并考虑风险后自主报价的工程造价计价模式。工程量清单计价是市场形成工程造价的主要形式，它有利于发挥企业自主报价的能力。

工程量清单计价的造价组成，应包括招标文件规定完成工程量清单所列项目的全部费用，具体包括分部分项工程费、措施项目费、其他项目费、规费和税金。

工程量清单计价采用综合单价计价，综合单价应包括完成每一规定计量单位合格产品所需的全部费用，考虑到我国国情，综合单价包括除规费、税金以外的全部费用。

8.2 室内装饰工程工程量清单编制

工程量清单是依据建设工程设计图纸、工程量计算规则、一定的计量单位、技术标准等计算所得的构成工程实体各分部分项工程的汇总清单表，可供编制标底和投标报价的实物工程量。工程量清单是体现招标人要求投标人完成的工程项目以及相应工程实体数量的列表，反映全部工程内容及为实现这些内容而进行的其他工作。工程量清单应由具备编制招标文件能力和相应资质的中介机构进行编制。

8.2.1 工程量清单的编制依据

1）实行工程量清单计价招标投标的建设工程，其招标标底、投标报价的编制、合同价款确定与调整、工程结算应按《建设工程工程量清单计价规范》（GB 50500—2013）执行。

2）工程量清单计价应包括按招标文件规定，完成工程量清单所列项目的全部费用，包括分部分项工程费、措施项目费、其他项目费、规费和税金。

3）工程量清单应采用综合单价计价。

4）分部分项工程量清单的综合单价，应根据规范规定的综合单价组成，按设计文件或参照《房屋建筑与装饰工程计量规范》（GB 50854—2013）附录 A、附录 B、附录 C、附录 D、附录 E、附录 F、附录 G、附录 H、附录 I、附录 J、附录 K、附录 L、附录 M、附录 N、附录 O、附录 P、附录 Q 中的"工程内容"确定。

其中，建筑装饰工程常用附录包括：附录 H（门窗工程），附录 K（楼地面装饰工程），附录（L 墙、柱面装饰与隔断、幕墙工程），附录 M（天棚工程），附录 N（油漆、涂料、裱糊工程），附录 O（其他装饰工程）。

5）措施项目清单的金额，应根据拟建工程的施工方案或施工组织设计，参照本规范规定的综合单价组成确定。

6）其他项目清单的金额应按下列规定确定。

（1）招标人部分的金额可按估算金额确定。

（2）招标人部分的总承包服务费应根据招标人提出要求所发生的费用确定，零星工作项目费应根据"零星工作项目计价表"确定。

（3）零星工作项目的综合单价应参照本规范规定的综合单价组成填写。

7）招标工程如设标底，标底应根据招标文件中的工程量清单和有关要求、施工现场实际情况、合理的施工方法以及按照省、自治区、直辖市建设行政主管部门制定的有关工程造价计价方法进行编制。

8）投标报价应根据招标文件中的工程量清单和有关要求、施工现场实际情况及拟订的施工方案或施工组织设计，依据企业定额和市场价格信息，或参照建设行政主管部门发布的社会平均消耗量定额进行编制。

9）合同中综合单价因工程量变更需调整时，除合同另有约定外，应按照下列办法确定：

（1）工程量清单漏项或设计变更引起新的工程量清单项目，其相应综合单价由承包人提出，经发包人确认后作为结算的依据。

（2）由于工程量清单的工程量数量有误或设计变更引起工程量增减，属合同约定幅度以内的，应执行原有的综合单价；属合同约定幅度以外的，其增加部分的工程量或减少后剩余部分的工程量的综合单价由承包人提出，经发包人确认后，作为结算的依据。

10）由于工程量的变更，且实际发生了除本规范九条规定以外的费用损失，承包人可提出索赔要求，与发包人协商确认后，给予补偿。

8.2.2　工程量清单的编制方法

工程量清单应由具有编制招标文件能力的招标人，或受其委托具有相应资质的中介机构进行编制。工程量清单是招标文件的重要组成部分，它主要是由分部分项工程量清单、措施项目清单和其他项目清单组成。

1. 分部分项工程量清单的编制

分部分项工程量清单是不可调整的闭口清单，投标人对投标文件提供的分部分项工程量清单必须逐一计价，不允许对清单所列出的内容有任何的更改和变动。投标人如果认为清单的内容有所遗漏或者不符，必须通过质疑的方式由清单编制人作统一的修改和更正，并将修正后的工程量清单重新发送给所有的招标人。

《建设工程工程量清单计价规范》（GB 50500—2013）规定："分部分项工程量清单应根据附录 A、附录 B、附录 C、附录 D、附录 E、附录 F、附录 G、附录 H、附录 I、附录 J、附录 K、附录 L、附录 M、附录 O、附录 P、附录 Q 中的规定统一项目编码、项目名称、计量单位和工程量计算规则进行编制。"

1）项目编码　分部分项工程量清单项目编码以五级编码设置，用十二位阿拉伯数字表示。第一、二、三、四级编码为全国统一；第五级编码由工程量清单编制人区分工程的清单项目特征而分别编制。各级编码代表的含义如下：

（1）第一级表示工程分类顺序码（分二位）：01—房屋建筑与装饰工程；02—仿古建筑工程；03—通用安装工程；04—市政工程；05—园林绿化工程；06—矿山工程；07—构筑物工程；08—城市轨道交通工程；09—爆破工程。以后进入国标的专业工程代码依此类推。

（2）第二级表示附录分类顺序码（分二位）：

（3）第三级表示分部工程顺序码（分二位）：

（4）第四级表示分项工程项目顺序码（分三位）；

（5）第五级表示工程量清单项目顺序码（分三位）。

项目编码结构如下所示（以装饰装修工程为例）。

例如：大理石地面铺贴，代码为011102001001

01（附录A，表示装饰装修工程代码）

11（附录A第1.1章，表示第一章楼地面装饰工程编码）

02（第二节，块料面层的编码）

001（项目名称为石材楼地面的子目编码）

001（根据部位可区分的顺序编码）

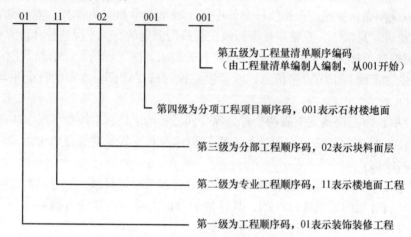

图8-1 分部分项工程量清单项目编码

2）项目名称 《建设工程工程量清单计价规范》（GB 50500—2013）附录表中的"项目名称"为分项工程项目名称，是形成分部分项工程量清单项目名称的基础。在此基础上填写相应项目特征，即为清单项目名称。分项工程项目名称一般以工程实体而命名，项目名称如有缺项，招标人可按相应的原则进行补充，并报当地工程造价管理部门备案。

3）项目特征 工程量清单的项目特征是确定一个清单项目综合单价不可缺少的重要依据，在编制工程量清单时，必须对项目特征进行准确和全面地描述。但有些项目特征用文字往往又难以准确和全面地描述清楚。因此，为达到规范、简捷、准确、全面描述项目特征的要求，在描述工程量清单项目特征时应按以下原则进行。项目特征描述的内容应按附录中的规定，结合拟建工程的实际，能满足确定综合单价的需要。若采用标准图集或施工图纸能够全部或部分满足项目特征描述的要求，项目特征描述可直接采用详见××图集或××图号的方式。对不能满足项目特征描述要求的部分，仍应用文字描述。

4）计量单位 计量单位应采用基本单位，除各专业另有特殊规定外，均按以下单位计量：

（1）以质量计算的项目——吨或千克（t或kg）；

（2）以体积计算的项目——立方米（m³）；

（3）以面积计算的项目——平方米（m²）；

（4）以长度计算的项目——米（m）；

（5）以自然计量单位计算的项目——个、套、块、组、台等；

（6）没有具体数量的项目——系统、项、宗等。

5）工作内容 清单工作内容包括主体工作和辅助工作。例如"竹木地板的铺装"，其工作内容包括：基层清理、抹找平层、铺设填充层、进行龙骨铺设、铺设基层、面层的铺设、刷防护材料等。其中，竹木地板的面层铺设为主体工作，其他均是围绕主体进行的辅助工作。又如"石材窗台板的安装"，其工作内容包括：基层清理、抹找平层、窗台制作和安装、刷防护材料和油漆。其中，窗台的制作和安装为主体工作，其他均是围绕主体进行的辅助工作。

如上所述，没有辅助工作的实施形成不了实体，辅助项目的工程费是实体项目工程费用的组成部分。因此，工作内容的清晰准确的描述，对投标人的计价甚为重要；否则可能会导致投标报价失误，影响评价质量，也会导致施工过程中的承、发包双方对工作内容的理解产生分歧，影响工程的进度和质量，甚至发生索赔。

6）工程数量的计算　《建设工程工程量清单计价规范》（GB 50500—2013）明确了清单项目的工程量计算规则，实质是以形成工程的实体为准则，计算完成后的净值。这种计算方式不同于综合定额的计价方式，综合定额除了计算净值之外，还包括因施工方案而导致的工程量的增加。如"石材墙面"，假如墙面粗糙不平，还需进行基层的清理找平等工程量，因施工环境的变更或施工方案的改变导致的施工工程量的增加。所以，即使对同一工程，不同的承包商计算出来的工程量也可能不同；同一承包商采取不同的施工方案所计算出来的工程量结果也不同。但是，采用了工程量清单计价法计算，严格执行计价规范的工程量计算规则，所得出的工程实体的工程量是唯一的。将施工方案引起工程费用的增加折算到综合单价或因措施费用的增加放置到措施项目清单中。所以，统一的清单工程量为所有的投标人提供了公平合理的竞争方式。

2. 措施项目清单的编制

措施项目清单为调整清单，投标人对招标文件中所列出的项目，可根据企业自身的特点做出适当的增减。投标人要对拟建的工程可能发生的措施项目和措施费用作通盘考虑，清单一经报出，就被认为是包括了所有应该发生的措施项目的全部费用。如果报出的清单中没有列项，且是项目中必须发生的项目，业主有权认为其已经综合在了分部分项工程量清单的综合单价中。将来在措施清单中投标人不得以任何的借口和理由提出索赔和调整。

措施项目清单是为完成分项实体工程而必须采取的一些措施性工作的清单表，它指为完成工程项目施工，发生于该工程施工前和施工过程中技术、生活、安全等方面的非工程实体项目。

3. 其他项目清单的编制

其他项目清单由招标人部分、投标人部分等两部分组成。招标人填写的内容随招标文件发至投标人或标底编制人，其项目、数量、金额等投标人或标底编制人不得随意改动。由投标人填写部分的零星工作项目表中，招标人填写的项目与数量，投标人不得随意更改，且必须进行报价。如果不报价，招标人有权认为投标人就未报价内容提供无偿服务。当投标人认为招标人列项不全时，投标人可自行增加列项并确定本项目的工程数量及计价。

1）招标人部分　招标人部分包括预留金、材料购置费等。其中预留金是指招标人为可能发生的工程量变更而预留的金额，这里的工程量变更主要是指工程量清单漏项或有误引起的工程量的增加，以及工程施工中的设计变更引起的标准提高或工程量的增加等。材料购置费是指在招标文件中规定的，由招标人采购的拟建工程材料费。

2）投标人部分　投标人部分包括总承包服务费、零星工作费等。其中总承包费是指为配合协调招标人进行的工程分包和材料采购所需的费用；零星工作费是指完成招标人提出的，不能以实物量计量零星工作项目所需的费用。零星工作项目表应根据拟建工程的具体情况，详细列出人工、材料、机械的名称、计量单位和相应数量，并随工程量清单发至投标以及工程项目设计深度等因素确定其数量。

8.3　室内装饰工程工程量清单项目表及计算规则

8.3.1　门窗工程

1. 概况

门窗工程包括木门、金属门、其他门，以及木窗、金属窗、门窗套、窗帘盒、窗帘轨、窗台板。

2. 有关项目的说明

1）木门窗五金包括折页、插锁、风钩、弓背拉手、搭扣、弹簧折页、管子拉手、地弹簧、滑轮、滑轨、门轧头、铁角、木螺丝等。

2）铝合金门窗五金包括卡销、滑轮、铰拉、执手、拉把、拉手、风撑、角码、牛角制、地弹簧、门销、门插、门铰等。

3）其他五金包括L型执手锁、球形执手锁、地锁、防盗门扣、门眼、门碰珠、电子锁、磁卡锁、闭门器、装饰拉手等。

4）门窗框与洞口之间缝隙的填塞，应包括在报价内。

5）实木装饰门项目应适应于竹压板装饰门。

6）转门项目应适用于电子感应和人力推动转门。

7）"特殊五金"项目指贵重五金及业主认为应单独列项的五金配件。

3. 有关项目特征说明

1）项目特征中的门窗类型是指带亮子或不带亮子、带纱或不带纱、单扇、双扇或三扇、半百叶或全百叶、半玻或全玻、全玻自由门或半玻自由门、带门框或不带门框、单独门框和开启方式（平开、推拉、折叠）等。

2）框截面尺寸（或面积）指边立梃截面尺寸或面积。

3）凡面层材料有品种、规格、品牌、颜色要求的，应在工程量清单中进行描述。

4）特殊五金名称是指拉手、门锁、窗锁等，用途是指具体使用的门或窗，应在工程量清单中进行描述。

4. 有关工程量计算

1）门窗工程量均以"樘"计算，如遇框架结构的连续长窗也以"樘"计算，但对连续长窗的扇数和洞数尺寸应在工程量清单中进行描述。

2）门窗套、门窗贴脸、筒子板"以展开面积计算"即指按其铺钉面积计算。

3）窗帘盒、窗台板，如为弧形时，其长度以中心线计算。

5. 有关工程内容的说明

1）木门窗的制作应考虑木材的干燥损耗、抛光损耗、下料后备长度、门窗走头增加的体积等。

2）防护材料分防火、防腐、防潮、耐磨、耐老化等材料，应根据清单项目要求报价。

6. 门窗工程工程量清单项目表

1）木门

工程量清单项目设置、项目特征描述、计量单位及工程量计算规则应按表8-1的规定执行。

表8-1　木门（编码：010801）

项目编码	项目名称	项目特征	计量单位	工程量计算规则	工作内容
010801001	木质门	1. 门代号及洞口尺寸 2. 镶嵌玻璃品种、厚度	1. 樘 2. m²	1. 以樘计量，按设计图示数量计算； 2. 以平方米计量，按设计图示洞口尺寸以面积计算	1. 门安装 2. 玻璃安装 3. 五金安装
010801002	木质门带套				
010801003	木质连窗门				
010801004	木质防火门				
010801005	木门框	1. 门代号及洞口尺寸 2. 框截面尺寸 3. 防护材料种类			1. 木门框制作、安装 2. 运输 3. 刷防护材料
010801006	门锁安装	1. 锁品种 2. 锁规格	个（套）	按设计图示数量计算	安装

注：①木质门应区分镶板木门、企口木板门、实木装饰门、胶合板门、夹板装饰门、木纱门、全玻门（带木质扇框）、木质半玻门（带木质扇框）等项目，分别编码列项。

②木门五金应包括：折页、插销、门碰珠、弓背拉手、搭机、木螺丝、弹簧折页（自动门）、管子拉手（自由门、地弹门）、地弹簧（地弹门）、角铁、门轧头（地弹门、自由门）等。

③木质门带套计量按洞口尺寸以面积计算，不包括门套的面积。

④以樘计量，项目特征必须描述洞口尺寸，以平方米计量，项目特征可不描述洞口尺寸。

⑤单独制作安装木门框按木门框项目编码列项。

2）金属门

工程量清单项目设置、项目特征描述、计量单位及工程量计算规则应按表8-2的规定执行。

表8-2　金属门（编码：010802）

项目编码	项目名称	项目特征	计量单位	工程量计算规则	工作内容
010802001	金属（塑钢）门	1. 门代号及洞口尺寸 2. 门框或扇外围尺寸 3. 门框、扇材质 4. 玻璃品种、厚度	1. 樘 2. m²	1. 以樘计量，按设计图示数量计算； 2. 以平方米计量，按设计图示洞口尺寸以面积计算	1. 门安装 2. 五金安装 3. 玻璃安装
010802002	彩板门	1. 门代号及洞口尺寸 2. 门框或扇外围尺寸			
010802003	钢质防火门	1. 门代号及洞口尺寸 2. 门框或扇外围尺寸 3. 门框、扇材质			
010802004	防盗门				1. 门安装 2. 五金安装

注：①金属门应区分金属平开门、金属推拉门、金属地弹门、全玻门（带金属扇框）、金属半玻门（带扇框）等项目，分别编码列项。

②铝合金门五金包括：地弹簧、门锁、拉手、门插、门铰、螺丝等。

③其他金属门五金包括L型执手插锁（双舌）、执手锁（单舌）、门轨头、地锁、防盗门机、门眼（猫眼）、门碰珠、电子锁（磁卡锁）、闭门器、装饰拉手等。

④以樘计量，项目特征必须描述洞口尺寸，没有洞口尺寸必须描述门框或扇外围尺寸，以平方米计量，项目特征可不描述洞口尺寸及框、扇的外围尺寸。

⑤以平方米计量，无设计图示洞口尺寸，按门框、扇外围以面积计算。

3）金属卷帘（闸）门。

工程量清单项目设置、项目特征描述、计量单位及工程量计算规则应按表8-3的规定执行。

表8-3　金属卷帘（闸）门（编码：010803）

项目编码	项目名称	项目特征	计量单位	工程量计算规则	工作内容
010803001	金属卷帘（闸）门	1. 门代号及洞口尺寸 2. 门材质 3. 启动装置品种、规格	1. 樘 2. m²	1. 以樘计量，按设计图示数量计算； 2. 以平方米计量，按设计图示洞口尺寸以面积计算	1. 门运输、安装 2. 启动装置、活动小门、五金安装
010803002	防火卷帘（闸）门				

注：以樘计量，项目特征必须描述洞口尺寸，以平方米计量，项目特征可不描述洞口尺寸。

4）厂库房大门、特种门。工程量清单项目设置、项目特征描述、计量单位及工程量计算规则应按表8-4的规定执行。

表8-4 厂库房大门、特种门（编码：010804）

项目编码	项目名称	项目特征	计量单位	工程量计算规则	工作内容
010804001	木板大门	1. 门代号及洞口尺寸 2. 门框或扇外围尺寸 3. 门框、扇材质 4. 五金种类、规格 5. 防护材料种类	1. 樘 2. m²	1. 以樘计量，按设计图示数量计算； 2. 以平方米计量，按设计图示洞口尺寸以面积计算	1. 门（骨架）制作、运输 2. 门、五金配件安装 3. 刷防护材料
010804002	钢木大门				
010804003	全钢板大门				
010804004	防护铁丝门			1. 以樘计量，按设计图示数量计算； 2. 以平方米计量，按设计图示门框或扇以面积计算	
010804005	金属格栅门	1. 门代号及洞口尺寸 2. 门框或扇外围尺寸 3. 门框、扇材质 4. 启动装置的品种、规格	1. 樘 2. m²	1. 以樘计量，按设计图示数量计算； 2. 以平方米计量，按设计图示洞口尺寸以面积计算	1. 门安装 2. 启动装置、五金配件安装
010804006	钢质花饰大门	1. 门代号及洞口尺寸 2. 门框或扇外围尺寸 3. 门框、扇材质	1. 樘 2. m²	1. 以樘计量，按设计图示数量计算； 2. 以平方米计量，按设计图示门框或扇以面积计算	1. 门安装 2. 五金配件安装
010804007	特种门			1. 以樘计量，按设计图示数量计算； 2. 以平方米计量，按设计图示洞口尺寸以面积计算	

注：①特种门应区分冷藏门、冷冻间门、保温门、变电室门、隔音门、防射电门、人防门、金库门等项目，分别编码列项。

②以樘计量，项目特征必须描述洞口尺寸，没有洞口尺寸必须描述门框或扇外围尺寸，以平方米计量，项目特征可不描述洞口尺寸及框、扇的外围尺寸。

③以平方米计量，无设计图示洞口尺寸，按门框、扇外围以面积计算。

④门开启方式指推拉或平开。

5）其他门。

工程量清单项目设置、项目特征描述、计量单位及工程量计算规则应按表8-5的规定执行。

表8-5 其他门（编码：010805）

项目编码	项目名称	项目特征	计量单位	工程量计算规则	工作内容
010805001	平开电子感应	1. 门代号及洞口尺寸 2. 门框或扇外围尺寸 3. 门框、扇材质 4. 玻璃品种、厚度 5. 启动装置的品种、规格 6. 电子配件品种、规格	1. 樘 2. m²	1. 以樘计量，按设计图示数量计算； 2. 以平方米计量，按设计图示洞口尺寸以面积计算	1. 门安装 2. 启动装置、五金、电子配件安装
010805002	旋转门				

续表

项目编码	项目名称	项目特征	计量单位	工程量计算规则	工作内容
010805003	电子对讲门	1. 门代号及洞口尺寸 2. 门框或扇外围尺寸 3. 门材质			1. 门安装 2. 启动装置、五金、电子配件安装
010805004	电动伸缩门	4. 玻璃品种、厚度 5. 启动装置的品种、规格 6. 电子配件品种、规格	1. 樘 2. m²	1. 以樘计量，按设计图示数量计算； 2. 以平方米计量，按设计图示洞口尺寸以面积计算	
010805005	全玻自由门	1. 门代号及洞口尺寸 2. 门框或扇外围尺寸 3. 框材质 4. 玻璃品种、厚度			1. 门安装 2. 五金安装
010805006	镜面不锈钢饰面门	1. 门代号及洞口尺寸 2. 门框或扇外围尺寸 3. 框、扇材质 4. 玻璃品种、厚度			

注：①以樘计量，项目特征必须描述洞口尺寸，没有洞口尺寸必须描述门框或扇外围尺寸，以平方米计量，项目特征可不描述洞口尺寸及框、扇的外围尺寸。

②以平方米计量，无设计图示洞口尺寸，按门框、扇外围以面积计算。

6）木窗。工程量清单项目设置、项目特征描述、计量单位及工程量计算规则应按表8-6的规定执行。

表8-6　木窗（编码：010806）

项目编码	项目名称	项目特征	计量单位	工程量计算规则	工作内容
010806001	木质窗	1. 窗代号及洞口尺寸 3. 玻璃品种、厚度 4. 防护材料种类		1. 以樘计量，按设计图示数量计算； 2. 以平方米计量，按设计图示洞口尺寸以面积计算	1. 窗制作、运输、安装 2. 五金、玻璃安装 3. 刷防护材料
010806002	木橱窗	1. 窗代号 2. 框截面及外围展开面积 3. 玻璃品种、厚度 4. 防护材料种类	1. 樘 2. m²	1. 以樘计量，按设计图示数量计算； 2. 以平方米计量，按设计图示尺寸以框外围展开面积计算	
010806003	木飘（凸）窗				
010806004	木质成品窗	1. 窗代号及洞口尺寸 2. 玻璃品种、厚度		1. 以樘计量，按设计图示数量计算； 2. 以平方米计量，按设计图示洞口尺寸以面积计算	1. 窗安装 2. 五金、玻璃安装

注：①木质窗应区分木百叶窗、木组合窗、木天窗、木固定窗、木装饰空花窗等项目，分别编码列项。

②以樘计量，项目特征必须描述洞口尺寸，没有洞口尺寸必须描述窗框外围尺寸，以平方米计量，项目特征可不描述洞口尺寸及框的外围尺寸。

③以平方米计量，无设计图示洞口尺寸，按窗框外围以面积计算。

④木橱窗、木飘（凸）窗以樘计量，项目特征必须描述框截面及外围展开面积。

⑤木窗五金包括：折页、插销、风钩、木螺丝、滑楞滑轨（推拉窗）等。

⑥窗开启方式指平开、推拉、上或中悬。

⑦窗形状指矩形或异形。

7）金属窗。工程量清单项目设置、项目特征描述、计量单位及工程量计算规则应按表 8-7 的规定执行。

表 8-7　金属窗（编码：010807）

项目编码	项目名称	项目特征	计量单位	工程量计算规则	工作内容
010807001	金属（塑钢、断桥）窗	1. 窗代号及洞口尺寸 2. 框、扇材质 3. 玻璃品种、厚度	1. 樘 2. m²	1. 以樘计量，按设计图示数量计算； 2. 以平方米计量，按设计图示洞口尺寸以面积计算	1. 窗安装 2. 五金、玻璃安装
010807002	金属防火窗				
010807003	金属百叶窗				
010807004	金属纱窗	1. 窗代号及洞口尺寸 2. 框材质 3. 窗纱材料品种、规格			1. 窗安装 2. 五金安装
010807005	金属格栅窗	1. 窗代号及洞口尺寸 2. 框外围尺寸 3. 框、扇材质			
010807006	金属（塑钢、断桥）橱窗	1. 窗代号 2. 框外围展开面积 3. 框、扇材质 4. 玻璃品种、厚度 5. 防护材料种类		1. 以樘计量，按设计图示数量计算； 2. 以平方米计量，按设计图示尺寸以框外围展开面积计算	1. 窗制作、运输、安装 2. 五金、玻璃安装 3. 刷防护材料
010807007	金属（塑钢、断桥）飘（凸）窗	1. 窗代号 2. 框外围展开面积 3. 框、扇材质 4. 玻璃品种、厚度			1. 窗安装 2. 五金、玻璃安装
010807008	彩板窗	1. 窗代号及洞口尺寸 2. 框外围尺寸 3. 框、扇材质 4. 玻璃品种、厚度		1. 以樘计量，按设计图示数量计算； 2. 以平方米计量，按设计图示洞口尺寸或框外围以面积计算	

注：①金属窗应区分金属组合窗、防盗窗等项目，分别编码列项。

②以樘计量，项目特征必须描述洞口尺寸，没有洞口尺寸必须描述窗框外围尺寸，以平方米计量，项目特征可不描述洞口尺寸及框的外围尺寸。

③以平方米计量，无设计图示洞口尺寸，按窗框外围以面积计算。

④金属橱窗、飘（凸）窗以樘计量，项目特征必须描述框外围展开面积。

⑤金属窗中铝合金窗五金应包括：卡锁、滑轮、铰拉、执手、拉把、拉手、风撑、角码、牛角制等。

⑥其他金属窗五金包括：折页、螺丝、执手、卡锁、风撑、滑轮滑轨（推拉窗）等。

8）门窗套。工程量清单项目设置、项目特征描述、计量单位及工程量计算规则应按表8-8的规定执行。

表8-8　门窗套（编码：010808）

项目编码	项目名称	项目特征	计量单位	工程量计算规则	工作内容
010808001	木门窗套	1. 窗代号及洞口尺寸 2. 门窗套展开宽度 3. 基层材料种类 4. 面层材料品种、规格 5. 线条品种、规格 6. 防护材料种类	1. 樘 2. m² 3. m	1. 以樘计量，按设计图示数量计算； 2. 以平方米计量，按设计图示尺寸以展开面积计算； 3. 以米计量，按设计图示中心以延长米计算	1. 清理基层 2. 立筋制作、安装 3. 基层板安装 4. 面层铺贴 5. 线条安装 6. 刷防护材料
010808002	木筒子板	1. 筒子板宽度 2. 基层材料种类 3. 面层材料品种、规格 4. 线条品种、规格 5. 防护材料种类			
010808003	饰面夹板筒子板				
010808004	金属门窗套	1. 窗代号及洞口尺寸 2. 门窗套展开宽度 3. 基层材料种类 4. 面层材料品种、规格 5. 防护材料种类			1. 清理基层 2. 立筋制作、安装 3. 基层板安装 4. 面层铺贴 5. 刷防护材料
010808005	石材门窗套	1. 窗代号及洞口尺寸 2. 门窗套展开宽度 3. 底层厚度、砂浆配合比 4. 面层材料品种、规格 5. 线条品种、规格			1. 清理基层 2. 立筋制作、安装 3. 基层抹灰 4. 面层铺贴 5. 线条安装
010808006	门窗木贴脸	1. 门窗代号及洞口尺寸 2. 贴脸板宽度 5. 防护材料种类		1. 以樘计量，按设计图示数量计算； 2. 以米计量，按设计图示尺寸以延长米计算	贴脸板安装
010808007	成品木门窗套	1. 窗代号及洞口尺寸 2. 门窗套展开宽度 3. 门窗套材料品种、规格		1. 以樘计量，按设计图示数量计算； 2. 以平方米计量，按设计图示尺寸以展开面积计算； 3. 以米计量，按设计图示中心以延长米计算	1. 清理基层 2. 立筋制作、安装 3. 板安装

注：①以樘计量，项目特征必须描述洞口尺寸、门窗套展开宽度。

　　②以平方米计量，项目特征可不描述洞口尺寸、门窗套展开宽度。

　　③以米计量，项目特征必须描述门窗套展开宽度、筒子板及贴脸宽度。

9）窗台板。工程量清单项目设置、项目特征描述、计量单位及工程量计算规则应按表8-9的规定执行。

表8-9　窗台板（编码：010809）

项目编码	项目名称	项目特征	计量单位	工程量计算规则	工作内容
010809001	木窗台板	1. 基层材料种类 2. 窗台面板材质、规格、颜色 3. 防护材料种类	m²	按设计图示尺寸以展开面积计算	1. 基层清理 2. 基层制作、安装 3. 窗台板制作、安装 4. 刷防护材料
010809002	铝塑窗台板				
010809003	金属窗台板				
010809004	石材窗台板	1. 粘结层厚度、砂浆配合比 2. 窗台板材质、规格、颜色			1. 基层清理 2. 抹找平层 3. 窗台板制作、安装

10）窗帘、窗帘盒、轨。工程量清单项目设置、项目特征描述、计量单位及工程量计算规则应按表8-10的规定执行。

表8-10　窗帘、窗帘盒、轨（编码：010810）

项目编码	项目名称	项目特征	计量单位	工程量计算规则	工作内容
010810001	窗帘（杆）	1. 窗帘材质 2. 窗帘高度、宽度 3. 窗帘层数 4. 带幔要求	1. m 2. m²	1. 以米计量，按设计图示尺寸以长度计算； 2. 以平方米计量，按图示尺寸以展开面积计算	1. 制作、运输 2. 安装
010810002	木窗帘盒	1. 窗帘盒材质、规格 2. 防护材料种类	m	按设计图示尺寸以长度计算	1. 制作、运输、安装 2. 刷防护材料
010810003	饰面夹板、塑料窗帘盒				
010810004	铝合金窗帘盒				
010810005	窗帘轨	1. 窗帘轨材质、规格 2. 防护材料种类			

注：①窗帘若是双层，项目特征必须描述每层材质。

②窗帘以米计量，项目特征必须描述窗帘高度和宽。

8.3.2　楼地面工程

1. 概况

楼地面工程包括整体面层、块料面层、其他材料面层、踢脚线、楼梯装饰、扶手、栏杆、栏板装饰、台阶装饰、零星装饰等项目。适用于楼地面、楼梯、台阶等装饰工程。

2. 有关项目的说明

1）零星装饰适用于小面积（0.5m² 以内）少量分散的楼地面装饰，其工程部位或名称应在清单项目中进行描述。

2）楼梯、台阶侧面装饰，可按零星装饰项目编码列项，并在清单项目中进行描述。

3）扶手、栏杆、栏板适用于楼梯、阳台、走廊、回廊及其他装饰性扶手栏杆、栏板。

3. 有关项目特征说明

1）楼地面是指构成的基层（楼板、夯实土基）、垫层（承受地面荷载并均匀传递给基层的构造层）、填充层（在建筑楼地面上起隔音、保温、找坡或敷设暗管、暗线等作用的构造层）、隔离层（起防水、防潮作用的构造层）、找平层（在垫层、楼板上或填充层上起找平、找坡或加强作用的构造层）、结合层（面层与下层相结合的中间层）、面层（直接承受各种荷载作用的表面层）等。

2）垫层是指混凝土垫层、砂石人工级配垫层、天然级配砂石垫层、灰、土垫层、碎石、碎砖垫层、三合土垫层、炉渣垫层等材料垫层。

3）找平层是指水泥砂浆找平层，有比较特殊要求的可采用细石混凝土、沥青砂浆、沥青混凝土找平层等材料铺设。

4）隔离层是指卷材、防水砂浆、沥青砂浆或防水涂料等隔离层。

5）填充层是指轻质的松散（炉渣、膨胀蛭石、膨胀珍珠岩等）或块体材料（加气混凝土、泡沫混凝土、泡沫塑料、矿棉、膨胀珍珠岩、膨胀蛭石块和板材等）以及整体材料（沥青膨胀珍珠岩、沥青膨胀蛭石、水泥膨胀珍珠岩、膨胀蛭石等）填充层。

6）面层是指整体面层（水泥砂浆、现浇水磨石、细石混凝土、菱苦土等面层）、块料區层（石材、陶瓷地砖、橡胶、塑料、竹、木地板）等面层。

7）面层中其他材料

（1）防护材料是耐酸、耐碱、耐臭氧、耐老化、防火、防油渗等材料。

（2）嵌条材料是用于水磨石的分格、做图案等的嵌条，如：玻璃嵌条、铜嵌条、铝合金嵌条、不锈钢嵌条等。

（3）压线条是指地毯、橡胶板、橡胶卷材铺设的压线条，如铝合金、不锈钢、铜压线条等。

（4）颜色是用于水磨石地面、踢脚线、楼梯、台阶和块料面层勾缝所需配置石子浆或砂浆内添加的颜料（耐碱的矿物颜料）。

（5）防滑条是用于楼梯、台阶踏步的防滑设施，如：水泥玻璃屑、水泥钢屑、铜、铁防滑条等。

（6）地毡固定配件是用于固定地毡的压辊角和压辊。

（7）扶手固定配件是用于楼梯、台阶的栏杆柱、栏杆、栏板、与扶手相连的固定件；靠墙扶手与墙相连的固定件。

（8）酸洗、打蜡磨光，磨石、菱苦土、陶瓷块料等，均可用酸洗（草酸）清洗油渍、污渍，然后打蜡（蜡脂、松香水、鱼油、煤油等按设计要求配合）和磨光。

4. 工程量计算规则

楼地面工程量计算规则：见表8-11～表8-18内工程量计算规则。

5. 工程量计算规则的说明

1）"不扣除间壁墙和面积在 $0.3m^2$ 以内的柱、垛、附墙烟囱及孔洞所占面积"，与《基础定额》不同。

2）单跑楼梯不论其中是否有休息平台，其工程量与双跑楼梯同样计算。

3）楼梯面层与平台面层是同一种材料时，平台计算名称后，台阶不再计算最上一层踏步面积。如台阶计算最上一层踏步（加30cm），平台面层中心必须扣除该面积。

4）包括垫层的地面和不包括垫层的地面应分别计算工程量，分别编码列项。

6. 楼地面装饰工程清单项目表

1）抹灰工程。工程量清单项目的设置、项目特征描述的内容、计量单位、工程量计算规则应按表8-11执行。

表 8-11 楼地面抹灰（编码 011101）

项目编码	项目名称	项目特征	计量单位	工程量计算规则	工作内容
011101001	水泥砂浆楼地面	1. 垫层材料种类、厚度 2. 找平层厚度、砂浆配合比 3. 素水泥浆遍数 3. 面层厚度、砂浆配合比 4. 面层做法要求			1. 基层清理 2. 垫层铺设 3. 抹找平层 4. 抹面层 5. 材料运输
011101002	现浇水磨石楼地面	1. 垫层材料种类、厚度 2. 找平层厚度、砂浆配合比 3. 面层厚度、水泥石子浆配合比 4. 嵌条材料种类、规格 5. 石子种类、规格、颜色 6. 颜料种类、颜色 7. 图案要求 8. 磨光、酸洗、打蜡要求	m²	按设计图示尺寸以面积计算。扣除凸出地面构筑物、设备基础、室内管道、地沟等所占面积，不扣除间壁墙及≤0.3m²柱、垛、附墙烟囱及孔洞所占面积。门洞、空圈、暖气包槽、壁龛的开口部分不增加面积	1. 基层清理 2. 垫层铺设 3. 抹找平层 4. 面层铺设 5. 嵌缝条安装 6. 磨光、酸洗打蜡 7. 材料运输
011101003	细石混凝土楼地面	1. 垫层材料种类、厚度 2. 找平层厚度、砂浆配合比 3. 面层厚度、混凝土强度等级			1. 基层清理 2. 垫层铺设 3. 抹找平层 4. 面层铺设 5. 材料运输
011101004	菱苦土楼地面	1. 垫层材料种类、厚度 2. 找平层厚度、砂浆配合比 3. 面层厚度 4. 打蜡要求			1. 基层清理 2. 垫层铺设 3. 抹找平层 4. 面层铺设 5. 打蜡 6. 材料运输
011101005	自流坪楼地面	1. 垫层材料种类、厚度 2. 找平层厚度、砂浆配合比			1. 基层清理 2. 垫层铺设 3. 抹找平层 4. 材料运输
011101006	平面砂浆找平层	1. 找平层砂浆配合比、厚度 2. 界面剂材料种类 3. 中层漆材料种类、厚度 4. 面漆材料种类、厚度 5. 面层材料种类		按设计图示尺寸以面积计算	1. 基层处理 2. 抹找平层 3. 涂界面剂 4. 涂刷中层漆 5. 打磨、吸尘 6. 镘自流平面漆（浆） 7. 拌合自流平浆料 8. 铺面层

注：①水泥砂浆面层处理是拉毛还是提浆压光应在面层做法要求中描述。
　　②平面砂浆找平层只适用于仅做找平层的平面抹灰。
　　③间壁墙指墙厚≤120mm 的墙。

2）块料面层：工程量清单项目的设置、项目特征描述的内容、计量单位、工程量计算规则应按表 8-12 执行。

表 8-12　楼地面镶贴（编码 011102）

项目编码	项目名称	项目特征	计量单位	工程量计算规则	工作内容
011102001	石材楼地面	1. 找平层厚度、砂浆配合比 2. 结合层厚度、砂浆配合比 3. 面层材料品种、规格、颜色 4. 嵌缝材料种类 5. 防护层材料种类 6. 酸洗、打蜡要求	m²	按设计图示尺寸以面积计算。门洞、空圈、暖气包槽、壁龛的开口部分并入相应的工程量内	1. 基层清理、抹找平层 2. 面层铺设、磨边 3. 嵌缝 4. 刷防护材料 5. 酸洗、打蜡 6. 材料运输
011102002	碎石材楼地面				
011102003	块料楼地面	1. 垫层材料种类、厚度 2. 找平层厚度、砂浆配合比 3. 结合层厚度、砂浆配合比 4. 面层材料品种、规格、颜色 5. 嵌缝材料种类 6. 防护层材料种类 8. 酸洗、打蜡要求			

注：①在描述碎石材项目的面层材料特征时可不用描述规格、品牌、颜色。

②石材、块料与粘接材料的结合面刷防渗材料的种类在防护层材料种类中描述。

③上表工作内容中的磨边指施工现场磨边，后面章节工作内容中涉及的磨边含义同此条。

3）橡塑面层：工程量清单项目的设置、项目特征描述的内容、计量单位、工程量计算规则应按表 8-13 执行。

表 8-13　橡塑面层（编码：011103）

项目编码	项目名称	项目特征	计量单位	工程量计算规则	工作内容
011103001	橡胶板楼地面	1. 粘结层厚度、材料种类 2. 面层材料品种、规格、颜色 3. 压线条种类	m²	按设计图示尺寸以面积计算。门洞、空圈、暖气包槽、壁龛的开口部分并入相应的工程量内	1. 基层清理 2. 面层铺贴 3. 压缝条装钉 4. 材料运输
011103002	橡胶板卷材楼地面				
011103003	塑料板楼地面				
011103004	塑料卷材楼地面				

4）其他材料面层：工程量清单项目的设置、项目特征描述的内容、计量单位、工程量计算规则应按表 8-14 执行。

表 8-14　其他材料面层（编码：011104）

项目编码	项目名称	项目特征	计量单位	工程量计算规则	工作内容
011104001	地毯楼地面	1. 面层材料品种、规格、颜色 2. 防护材料种类 3. 粘结材料种类 4. 压线条种类	m²	按设计图示尺寸以面积计算。门洞、空圈、暖气包槽、壁龛的开口部分并入相应的工程量内	1. 基层清理 2. 铺贴面层 3. 刷防护材料 4. 装钉压条 5. 材料运输
011104002	竹木地板	1. 龙骨材料种类、规格、铺设间距 2. 基层材料种类、规格 3. 面层材料品种、规格、颜色 4. 防护材料种类			1. 基层清理 2. 龙骨铺设 3. 基层铺设 4. 面层铺贴 5. 刷防护材料 6. 材料运输
011104003	金属复合地板	1. 龙骨材料种类、规格、铺设间距 2. 基层材料种类、规格 3. 面层材料品种、规格、颜色 4. 防护材料种类			
011104004	防静电活动地板	1. 支架高度、材料种类 2. 面层材料品种、规格、颜色 3. 防护材料种类			1. 基层清理 2. 固定支架安装 3. 活动面层安装 4. 刷防护材料 5. 材料运输

5）踢脚线：工程量清单项目的设置、项目特征描述的内容、计量单位、工程量计算规则应按表 8-15 执行。

表 8-15　踢脚线（编码：011105）

项目编码	项目名称	项目特征	计量单位	工程量计算规则	工作内容
011105001	水泥砂浆踢脚线	1. 踢脚线高度 2. 底层厚度、砂浆配合比 3. 面层厚度、砂浆配合比	1. m² 2. m	1. 按设计图示长度乘高度以面积计算； 2. 按延长米计算	1. 基层清理 2. 底层和面层抹灰 3. 材料运输
011105002	石材踢脚线	1. 踢脚线高度 2. 粘贴层厚度、材料种类 3. 面层材料品种、规格、颜色 4. 防护材料种类			1. 基层清理 2. 底层抹灰 3. 面层铺贴、磨边 4. 擦缝 5. 磨光、酸洗、打蜡 6. 刷防护材料 7. 材料运输
011105003	块料踢脚线				

项目编码	项目名称	项目特征	计量单位	工程量计算规则	工作内容
011105004	塑料板踢脚线	1. 踢脚线高度 2. 粘结层厚度、材料种类 3. 面层材料种类、规格、颜色	1. m² 2. m	1. 按设计图示长度乘高度以面积计算； 2. 按延长米计算	1. 基层清理 2. 基层铺贴 3. 面层铺贴 4. 材料运输
011105005	木质踢脚线	1. 踢脚线高度 2. 基层材料种类、规格 3. 面层材料品种、规格、颜色			
011105006	金属踢脚线				
011105007	防静电踢脚线				

注：石材、块料与粘接材料的结合面刷防渗材料的种类在防护层材料种类中描述。

6）楼梯面层：工程量清单项目的设置、项目特征描述的内容、计量单位、工程量计算规则应按表8-16执行。

表8-16　楼梯面层（编码：011106）

项目编码	项目名称	项目特征	计量单位	工程量计算规则	工作内容
011106001	石材楼梯面层	1. 找平层厚度、砂浆配合比 2. 贴结层厚度、材料种类 3. 面层材料品种、规格、颜色 4. 防滑条材料种类、规格 5. 勾缝材料种类 6. 防护层材料种类 7. 酸洗、打蜡要求	m²	按设计图示尺寸以楼梯（包括踏步、休息平台及≤500mm的楼梯井）水平投影面积计算。楼梯与楼地面相连时，算至梯口梁内侧边沿；无梯口梁者，算至最上一层踏步边沿加300mm	1. 基层清理 2. 抹找平层 3. 面层铺贴、磨边 4. 贴嵌防滑条 5. 勾缝 6. 刷防护材料 7. 酸洗、打蜡 8. 材料运输
011106002	块料楼梯面层				
011106003	拼碎块料面层				
011106004	水泥砂浆楼梯面层	1. 找平层厚度、砂浆配合比 2. 面层厚度、砂浆配合比 3. 防滑条材料种类、规格			1. 基层清理 2. 抹找平层 3. 抹面层 4. 抹防滑条 5. 材料运输
011106005	现浇水磨石楼梯面层	1. 找平层厚度、砂浆配合比 2. 面层厚度、水泥石子浆配合比 3. 防滑条材料种类、规格 4. 石子种类、规格、颜色 5. 颜料种类、颜色 6. 磨光、酸洗打蜡要求			1. 基层清理 2. 抹找平层 3. 抹面层 4. 贴嵌防滑条 5. 磨光、酸洗、打蜡 6. 材料运输

项目编码	项目名称	项目特征	计量单位	工程量计算规则	工作内容
011106006	地毯楼梯面层	1. 基层种类 2. 面层材料品种、规格、颜色 3. 防护材料种类 4. 粘结材料种类 5. 固定配件材料种类、规格	m²	按设计图示尺寸以楼梯（包括踏步、休息平台及≤500mm的楼梯井）水平投影面积计算。楼梯与楼地面相连时，算至梯口梁内侧边沿；无梯口梁者，算至最上一层踏步边沿加300mm	1. 基层清理 2. 铺贴面层 3. 固定配件安装 4. 刷防护材料 5. 材料运输
011106007	木板楼梯面层	1. 基层材料种类、规格 2. 面层材料品种、规格、颜色 3. 粘结材料种类 4. 防护材料种类			1. 基层清理 2. 基层铺贴 3. 面层铺贴 4. 刷防护材料 5. 材料运输
011106008	橡胶板楼梯面层	1. 粘结层厚度、材料种类 2. 面层材料品种、规格、颜色 3. 压线条种类			1. 基层清理 2. 面层铺贴 3. 压缝条装钉 4. 材料运输
011106009	塑料板楼梯面层				

注：①在描述碎石材项目的面层材料特征时可不用描述规格、品牌、颜色。
②石材、块料与粘接材料的结合面刷防渗材料的种类在防护层材料种类中描述。

7）台阶装饰：工程量清单项目的设置、项目特征描述的内容、计量单位、工程量计算规则应按表8-17执行。

表8-17　台阶装饰（编码：011107）

项目编码	项目名称	项目特征	计量单位	工程量计算规则	工作内容
011107001	石材台阶面	1. 找平层厚度、砂浆配合比 2. 粘结层材料种类	m²	按设计图示尺寸以台阶（包括最上层踏步边沿加300mm）水平投影面积计算	1. 基层清理 2. 抹找平层 3. 面层铺贴 4. 贴嵌防滑条 5. 勾缝 6. 刷防护材料 7. 材料运输
011107002	块料台阶面	3. 面层材料品种、规格、颜色 4. 勾缝材料种类 5. 防滑条材料种类、规格 6. 防护材料种类			
011107003	拼碎块料台阶面				
011107004	水泥砂浆台阶面	1. 垫层材料种类、厚度 2. 找平层厚度、砂浆配合比 3. 面层厚度、砂浆配合比 4. 防滑条材料种类			1. 基层清理 2. 铺设垫层 3. 抹找平层 4. 抹面层 5. 抹防滑条 6. 材料运输

项目编码	项目名称	项目特征	计量单位	工程量计算规则	工作内容
011107005	现浇水磨石台阶面	1. 垫层材料种类、厚度 2. 找平层厚度、砂浆配合比 3. 面层厚度、水泥石子浆配合比 4. 防滑条材料种类、规格 5. 石子种类、规格、颜色 6. 颜料种类、颜色 7. 磨光、酸洗、打蜡要求	m²	按设计图示尺寸以台阶（包括最上层踏步边沿加300mm）水平投影面积计算	1. 清理基层 2. 铺设垫层 3. 抹找平层 4. 抹面层 5. 贴嵌防滑条 6. 打磨、酸洗、打蜡 7. 材料运输
011107006	剁假石台阶面	1. 垫层材料种类、厚度 2. 找平层厚度、砂浆配合比 3. 面层厚度、砂浆配合比 4. 剁假石要求			1. 清理基层 2. 铺设垫层 3. 抹找平层 4. 抹面层 5. 剁假石 6. 材料运输

注：①在描述碎石材项目的面层材料特征时可不用描述规格、品牌、颜色。

②石材、块料与粘接材料的结合面刷防渗材料的种类在防护层材料种类中描述。

8）零星装饰项目：工程量清单项目的设置、项目特征描述的内容、计量单位、工程量计算规则应按表8-18执行。

表8-18　零星装饰项目（编码：011108）

项目编码	项目名称	项目特征	计量单位	工程量计算规则	工作内容
011108001	石材零星项目	1. 工程部位 2. 找平层厚度、砂浆配合比 3. 贴结合层厚度、材料种类 4. 面层材料品种、规格、颜色 5. 勾缝材料种类 6. 防护材料种类 7. 酸洗、打蜡要求	m²	按设计图示尺寸以面积计算	1. 清理基层 2. 抹找平层 3. 面层铺贴、磨边 4. 勾缝 5. 刷防护材料 6. 酸洗、打蜡 7. 材料运输
011108002	拼碎石材零星项目				
011108003	块料零星项目				
011108004	水泥砂浆零星项目	1. 工程部位 2. 找平层厚度、砂浆配合比 3. 面层厚度、砂浆厚度			1. 清理基层 2. 抹找平层 3. 抹面层 4. 材料运输

注：①楼梯、台阶牵边和侧面镶贴块料面层，≤0.5m²的少量分散的楼地面镶贴块料面层，应按表8-18零星装饰项目执行。

②石材、块料与粘接材料的结合面刷防渗材料的种类在防护层材料种类中描述。

8.3.3　墙、柱面工程

1. 概况

墙、柱面工程包括墙面抹灰、柱面抹灰、零星抹灰、墙面镶贴块料、零星镶贴块料，墙饰面、柱（梁）饰面、隔断、幕墙等工程。适用于一般抹灰、装饰抹灰工程。

2. 有关项目说明

1）一般抹灰包括：石灰砂浆、水泥混合砂浆、水泥砂浆、聚合物水泥砂浆、膨胀珍珠岩水泥砂浆和麻刀灰、纸筋石灰、石灰膏等。

2）装饰抹灰包括：水刷石、水磨石、斩假石（剁斧石）、干粘石、假面砖、拉条灰、拉毛灰、甩毛灰、扒拉石、喷毛灰、喷涂、喷砂、滚涂、弹涂等。

3）柱面抹灰项目、石材柱面项目、块料柱面项目适用于矩形柱、异形柱（包括圆形柱、半圆形柱等）。

4）零星抹灰和零星镶贴块料面层项目适用于面积 $0.5m^2$ 以内少量分散的抹灰和块料面层。

5）设置在隔断、幕墙上的门窗，可以包括在隔断、幕墙项目报价内，也可以单独编码列项，并在清单项目中进行描述。

6）主墙的界定以"建筑工程工程量清单项目及计算规则"解释为准。

3. 有关项目特征说明

1）墙体类型指砖墙、石墙、混凝土墙、砌块墙以及内墙、外墙等。

2）底层、面层的厚度应根据设计规定（一般采用标准设计图）确定。

3）勾缝类型指清水砖墙、砖柱的加浆勾缝（平缝或凹缝），石墙、石柱的勾缝（如：平缝、屏凹缝、平凸缝、半圆凹缝、半圆凸缝和三角凸缝等）。

4）块料饰面板是指石材饰面板（天然花岗岩、大理石、人造花岗岩、人造大理石、预制水磨石饰面板），陶瓷面砖（内墙彩釉面瓷砖、外墙面砖、陶瓷锦砖、大型陶瓷锦砖面板等），玻璃面砖（玻璃锦砖、玻璃面砖等），金属饰面板（彩色涂色钢板、彩色不锈钢板、镜面不锈钢饰面板、铝合金板、复合铝板、塑铝板等），塑料饰面板（聚氯乙烯塑料饰面板、玻璃钢饰面板、塑料贴面饰面板、聚酯装饰板、覆塑中密度纤维板等），木质饰面板（胶合板、硬质纤维板、细木工板、刨花板、建筑纸面草板、水泥木屑板、灰板条等）。

5）挂贴方式是对大规格的石材（大理石、花岗岩、青石等）使用先挂后灌浆的方式固定于墙、柱面。

6）干挂方式是指直接干挂法，是通过不锈钢膨胀螺栓、不锈钢挂件、不锈钢连接件、不锈钢钢针等将外墙饰面板连接在外墙墙面；间接干挂法，是指通过固定在墙、柱、梁上的龙骨，再通过各种挂件固定在外墙饰面板。

7）嵌缝材料是指嵌缝砂浆、嵌缝油膏、密封胶水材料等。

8）防护材料指石材等防碱背涂处理和面层防酸涂剂等。

9）基层材料是指面层内的底板材料，如：木墙裙、木护墙、木隔板墙等，在龙骨上，粘贴或铺钉一层加强面层的底板。

4. 工程量计算规则

墙、柱面工程量计算规则：见表8-19～表8-28工程量计算规则。

5. 有关工程量计算说明

1）墙面抹灰不扣除与构件交接处的面积，是指墙与梁的交接处所占面积，不包括墙与楼板的交接。

2）外墙裙抹灰面积，按长度乘以高度计算，长度是指外墙裙的长度。

3）柱的一般抹灰和装饰抹灰及勾缝，以柱断面周长乘以高度计算，柱断面周长是指结构断面周长。

4）装饰板柱（梁）面按设计图示外围饰面尺寸乘以高度（长度）以面积计算、外围饰面尺寸是饰面的表面尺寸。

5）带肋全玻璃幕墙是指玻璃幕墙带玻璃肋，玻璃肋的工程量应合并在玻璃幕墙工程量内计算。

6. 有关工程内容说明

"抹灰层"是指一般抹灰或普通抹灰（一层底层和一层面层或不分层一遍成活），中级灰（一层底层、一层中层和一层面层或一层底层、一层面层），高级抹灰（一层底层、数层中层和一层面层）的面层。

"抹灰装饰"是指装饰抹灰（抹底灰、涂刷108胶溶液、刮或刷水泥浆液、抹中层、抹装饰面层）的面层。

7. 墙、柱面装饰与隔断、幕墙工程工程量清单项目表

1）墙面抹灰：工程量清单项目的设置、项目特征描述的内容、计量单位、工程量计算规则应按表8-19执行。

表 8-19　墙面抹灰（编码：011201）

项目编码	项目名称	项目特征	计量单位	工程量计算规则	工作内容
011201001	墙面一般抹灰	1. 墙体类型 2. 底层厚度、砂浆配合比 3. 面层厚度、砂浆配合比 4. 装饰面材料种类 5. 分格缝宽度、材料种类	m²	按设计图示尺寸以面积计算。扣除墙裙、门窗洞口及单个>0.3m²的孔洞面积，不扣除踢脚线、挂镜线和墙与构件交接处的面积，门窗洞口和孔洞的侧壁及顶面不增加面积。附墙柱、梁、垛、烟囱侧壁并入相应的墙面面积内	1. 基层清理 2. 砂浆制作、运输 3. 底层抹灰 4. 抹面层 5. 抹装饰面 6. 勾分格缝
011201002	墙面装饰抹灰				
011201003	墙面勾缝	1. 墙体类型 2. 找平的砂浆厚度、配合比			1. 基层清理 2. 砂浆制作、运输 3. 抹灰找平
011201004	立面砂浆找平层	1. 墙体类型 2. 勾缝类型 3. 勾缝材料种类		1. 外墙抹灰面积按外墙垂直投影面积计算； 2. 外墙裙抹灰面积按其长度乘以高度计算； 3. 内墙抹灰面积按主墙间的净长乘以高度计算： （1）无墙裙的，高度按室内楼地面至天棚底面计算； （2）有墙裙的，高度按墙裙顶至天棚底面计算； 4. 内墙裙抹灰面按内墙净长乘以高度计算	1. 基层清理 2. 砂浆制作、运输 3. 勾缝

注：①立面砂浆找平项目适用于仅做找平层的立面抹灰。

②抹石灰砂浆、水泥砂浆、混合砂浆、聚合物水泥砂浆、麻刀石灰浆、石膏灰浆等按墙面一般抹灰列项，水刷石、斩假石、干粘石、假面砖等按墙面装饰抹灰列项。

③飘窗凸出外墙面增加的抹灰不计算工程量，在综合单价中考虑。

2）柱（梁）面抹灰：工程量清单项目的设置、项目特征描述的内容、计量单位、工程量计算规则应按表8-20执行。

表 8-20　柱（梁）面抹灰（编码：011202）

项目编码	项目名称	项目特征	计量单位	工程量计算规则	工作内容
011202001	柱、梁面一般抹灰	1. 柱体类型 2. 底层厚度、砂浆配合比 3. 面层厚度、砂浆配合比 4. 装饰面材料种类 5. 分格缝宽度、材料种类	m²	1. 柱面抹灰：按设计图示柱断面周长乘高度以面积计算； 2. 梁面抹灰：按设计图示梁断面周长乘长度以面积计算	1. 基层清理 2. 砂浆制作、运输 3. 底层抹灰 4. 抹面层 5. 勾分格缝
011202002	柱、梁面装饰抹灰				
011202003	柱、梁面砂浆找平	1. 柱体类型 2. 找平的砂浆厚度、配合比			1. 基层清理 2. 砂浆制作、运输 3. 抹灰找平
011202004	柱、梁面勾缝	1. 墙体类型 2. 勾缝类型 3. 勾缝材料种类		按设计图示柱断面周长乘高度以面积计算	1. 基层清理 2. 砂浆制作、运输 3. 勾缝

注：①砂浆找平项目适用于仅做找平层的柱（梁）面抹灰。

　　②抹石灰砂浆、水泥砂浆、混合砂浆、聚合物水泥砂浆、麻刀石灰浆、石膏灰浆等按柱（梁）面一般抹灰编码列项，水刷石、斩假石、干粘石、假面砖等按柱（梁）面装饰抹灰编码列项。

3）零星抹灰：工程量清单项目的设置、项目特征描述的内容、计量单位、工程量计算规则应按表8-21执行。

表 8-21　零星抹灰（编码：011203）

项目编码	项目名称	项目特征	计量单位	工程量计算规则	工作内容
011203001	零星项目一般抹灰	1. 墙体类型 2. 底层厚度、砂浆配合比 3. 面层厚度、砂浆配合比 4. 装饰面材料种类 5. 分格缝宽度、材料种类	m²	按设计图示尺寸以面积计算	1. 基层清理 2. 砂浆制作、运输 3. 底层抹灰 4. 抹面层 5. 抹装饰面 6. 勾分格缝
011203002	零星项目装饰抹灰	1. 墙体类型 2. 底层厚度、砂浆配合比 3. 面层厚度、砂浆配合比 4. 装饰面材料种类 5. 分格缝宽度、材料种类			
011203003	零星项目砂浆找平	1. 基层类型 2. 找平的砂浆厚度、配合比			1. 基层清理 2. 砂浆制作、运输 3. 抹灰找平

注：①抹石灰砂浆、水泥砂浆、混合砂浆、聚合物水泥砂浆、麻刀石灰浆、石膏灰浆等按零星项目一般抹灰编码列项，水刷石、斩假石、干粘石、假面砖等按零星项目装饰抹灰编码列项。

　　②墙、柱（梁）面≤0.5m²的少量分散的抹灰按表8-21零星抹灰项目编码列项。

4）墙面块料面层：工程量清单项目的设置、项目特征描述的内容、计量单位、工程量计算规则应按

表8-22 执行。

表8-22　墙面块料面层（编码：011204）

项目编码	项目名称	项目特征	计量单位	工程量计算规则	工作内容
011204001	石材墙面	1. 墙体类型 2. 安装方式 3. 面层材料品种、规格、颜色 4. 缝宽、嵌缝材料种类 5. 防护材料种类 6. 磨光、酸洗、打蜡要求	m²	按镶贴表面积计算	1. 基层清理 2. 砂浆制作、运输 3. 粘结层铺贴 4. 面层安装 5. 嵌缝 6. 刷防护材料 7. 磨光、酸洗、打蜡
011204002	拼碎石材墙面				
011204003	块料墙面				
011204004	干挂石材钢骨架	1. 骨架种类、规格 2. 防锈漆品种遍数	t	按设计图示以质量计算	1. 骨架制作、运输、安装 2. 刷漆

注：①在描述碎块项目的面层材料特征时可不用描述规格、品牌、颜色。
　　②石材、块料与粘接材料的结合面刷防渗材料的种类在防护层材料种类中描述。
　　③安装方式可描述为砂浆或粘接剂粘贴、挂贴、干挂等，不论哪种安装方式，都要详细描述与组价相关的内容。

5）柱（梁）面镶贴块料：工程量清单项目的设置、项目特征描述的内容、计量单位、工程量计算规则应按表8-23执行。

表8-23　柱（梁）面镶贴块料（编码：011205）

项目编码	项目名称	项目特征	计量单位	工程量计算规则	工作内容
011205001	石材柱面	1. 柱截面类型、尺寸 2. 安装方式 3. 面层材料品种、规格、颜色 4. 缝宽、嵌缝材料种类 5. 防护材料种类 6. 磨光、酸洗、打蜡要求	m²	按镶贴表面积计算	1. 基层清理 2. 砂浆制作、运输 3. 粘结层铺贴 4. 面层安装 5. 嵌缝 6. 刷防护材料 7. 磨光、酸洗、打蜡
011205002	块料柱面				
011205003	拼碎块柱面				
011205004	石材梁面	1. 安装方式 2. 面层材料品种、规格、颜色 3. 缝宽、嵌缝材料种类 4. 防护材料种类 5. 磨光、酸洗、打蜡要求			
011205005	块料梁面				

注：①在描述碎块项目的面层材料特征时可不用描述规格、品牌、颜色。
　　②石材、块料与粘接材料的结合面刷防渗材料的种类在防护层材料种类中描述。
　　③柱梁面干挂石材的钢骨架按表8-22相应项目编码列项。

6）镶贴零星块料：工程量清单项目的设置、项目特征描述的内容、计量单位、工程量计算规则应按

表8-24 执行。

表8-24 镶贴零星块料（编码：011206）

项目编码	项目名称	项目特征	计量单位	工程量计算规则	工作内容
011206001	石材零星项目	1. 安装方式 2. 面层材料品种、规格、颜色 3. 缝宽、嵌缝材料种类 4. 防护材料种类 5. 磨光、酸洗、打蜡要求	m²	按镶贴表面积计算	1. 基层清理 2. 砂浆制作、运输 3. 面层安装 4. 嵌缝 5. 刷防护材料 6. 磨光、酸洗、打蜡
011206002	块料零星项目				
011206003	拼碎块零星项目				

注：①在描述碎块项目的面层材料特征时可不用描述规格、品牌、颜色。
②石材、块料与粘接材料的结合面刷防渗材料的种类在防护层材料种类中描述。
③零星项目干挂石材的钢骨架按表8-22相应项目编码列项。
④墙柱面≤0.5m²的少量分散的镶贴块料面层应按零星项目执行。

7）墙饰面：工程量清单项目的设置、项目特征描述的内容、计量单位、工程量计算规则应按表8-25执行。

表8-25 墙饰面（编码：011207）

项目编码	项目名称	项目特征	计量单位	工程量计算规则	工作内容
011207001	墙面装饰板	1. 龙骨材料种类、规格、中距 2. 隔离层材料种类、规格 3. 基层材料种类、规格 4. 面层材料品种、规格、颜色 5. 压条材料种类、规格	m²	按设计图示墙净长乘净高以面积计算。扣除门窗洞口及单个>0.3m²的孔洞所占面积	1. 基层清理 2. 龙骨制作、运输、安装 3. 钉隔离层 4. 基层铺钉 5. 面层铺贴

8）柱（梁）饰面：工程量清单项目的设置、项目特征描述的内容、计量单位、工程量计算规则应按表8-26执行。

表8-26 柱（梁）饰面（编码：011208）

项目编码	项目名称	项目特征	计量单位	工程量计算规则	工作内容
011208001	柱（梁）面装饰	1. 龙骨材料种类、规格、中距 2. 隔离层材料种类 3. 基层材料种类、规格 4. 面层材料品种、规格、颜色 5. 压条材料种类、规格	m²	按设计图示饰面外围尺寸以面积计算。柱帽、柱墩并入相应柱饰面工程量内	1. 清理基层 2. 龙骨制作、运输、安装 3. 钉隔离层 4. 基层铺钉 5. 面层铺贴

9）幕墙工程：工程量清单项目的设置、项目特征描述的内容、计量单位、工程量计算规则应按表8-27执行。

表 8-27　幕墙工程（编码：011209）

项目编码	项目名称	项目特征	计量单位	工程量计算规则	工作内容
011209001	带骨架幕墙	1. 骨架材料种类、规格、中距 2. 面层材料品种、规格、颜色 3. 面层固定方式 4. 隔离带、框边封闭材料品种、规格 5. 嵌缝、塞口材料种类	m²	按设计图示框外围尺寸以面积计算。与幕墙同种材质的窗所占面积不扣除	1. 骨架制作、运输、安装 2. 面层安装 3. 隔离带、框边封闭 4. 嵌缝、塞口 5. 清洗
011209002	全玻（无框玻璃）幕墙	1. 玻璃品种、规格、颜色 2. 粘结塞口材料种类 3. 固定方式		按设计图示尺寸以面积计算。带肋全玻幕墙按展开面积计算	1. 幕墙安装 2. 嵌缝、塞口 3. 清洗

10）隔断：工程量清单项目的设置、项目特征描述的内容、计量单位、工程量计算规则应按表8-28执行。

表 8-28　隔断（编码：011210）

项目编码	项目名称	项目特征	计量单位	工程量计算规则	工作内容
011210001	木隔断	1. 骨架、边框材料种类、规格 2. 隔板材料品种、规格、颜色 3. 嵌缝、塞口材料品种 4. 压条材料种类	m²	按设计图示框外围尺寸以面积计算。不扣除单个≤0.3m²的孔洞所占面积；浴厕门的材质与隔断相同时，门的面积并入隔断面积内	1. 骨架及边框制作、运输、安装 2. 隔板制作、运输、安装 3. 嵌缝、塞口 4. 装钉压条
011210002	金属隔断	1. 骨架、边框材料种类、规格 2. 隔板材料品种、规格、颜色 3. 嵌缝、塞口材料品种			1. 骨架及边框制作、运输、安装 2. 隔板制作、运输、安装 3. 嵌缝、塞口
011210003	玻璃隔断	1. 边框材料种类、规格 2. 玻璃品种、规格、颜色 3. 嵌缝、塞口材料品种		按设计图示框外围尺寸以面积计算。不扣除单个≤0.3m²的孔洞所占面积	1. 边框制作、运输、安装 2. 玻璃制作、运输、安装 3. 嵌缝、塞口
011210004	塑料隔断	1. 边框材料种类、规格 2. 隔板材料品种、规格、颜色 3. 嵌缝、塞口材料品种			1. 骨架及边框制作、运输、安装 2. 隔板制作、运输、安装 3. 嵌缝、塞口

项目编码	项目名称	项目特征	计量单位	工程量计算规则	工作内容
011210005	成品隔断	1. 隔断材料品种、规格、颜色 2. 配件品种、规格	1. m² 2. 间	1. 按设计图示框外围尺寸以面积计算； 2. 按设计间的数量以间计算	1. 隔断运输、安装 2. 嵌缝、塞口
011210006	其他隔断	1. 骨架、边框材料种类、规格 2. 隔板材料品种、规格、颜色 3. 嵌缝、塞口材料品种	m²	按设计图示框外围尺寸以面积计算。不扣除单个≤0.3m²的孔洞所占面积	1. 骨架及边框安装 2. 隔板安装 3. 嵌缝、塞口

8.3.4　天棚工程

1. 概况

天棚工程包括天棚抹灰、天棚吊顶、天棚其他装饰。适用于天棚装饰。

2. 有关项目的说明

1）天棚的检查孔、天棚内的检修走道、灯槽等应包括在报价内。

2）天棚吊顶的平面、跌级、锯齿形、阶梯形、吊挂式、藻井式以及矩形、弧形、拱形等应在清单项目中进行描述。

3）采光天棚和天棚设置保温、隔热、吸音层时，按"建筑工程工程量清单项目及计算规则"相关项目编码列项。

3. 有关项目特征的说明

1）"天棚抹灰"项目基层类型是指混凝土现浇板、预制混凝土板、木板条等。

2）龙骨类型是指上人或不上人，以及平面、跌级、锯齿形、阶梯形、吊挂式、藻井式以及矩形、弧形、拱形等类型。

3）基层材料，指底板或面层背后的加强材料。

4）龙骨中距，指相邻龙骨中线之间的距离。

5）顶棚面层适用于：石膏板（包括石膏板、纸面石膏板、吸声穿孔石膏板、嵌装式装饰石膏板等）、埃特板、装饰吸声罩面板［包括矿棉装饰吸声板、贴塑矿（岩）棉吸声板、膨胀珍珠岩装饰吸声制品、玻璃棉装饰吸声板等］、塑料装饰罩面板（钙塑泡沫装饰吸声板、聚苯乙烯泡沫塑料装饰吸声板、聚氯乙烯塑料天花板等）、纤维水泥加压板（穿孔吸声石棉水泥板、轻质硅酸钙吊顶板等）、金属装饰板（包括铝合金罩面板、金属微孔吸声板、铝合金单体构件等）、木质饰板（胶合板、薄板、板条、水泥木丝板、刨花板等）、玻璃饰面（包括镜面玻璃、镭射玻璃等）。

6）栅格吊顶面层适用于木栅格、金属栅格、塑料栅格等。

7）吊筒吊顶适用于木（竹）质吊筒、金属吊筒、塑料吊筒以及圆形、矩形、扁钟形吊筒等。

8）灯带格栅有不锈钢格栅、铝合金格栅、玻璃类格栅等。

9）送风口、回风口适用于金属、塑料、木质风口。

4. 工程量计算规则

天棚面工程量计算规则：见表8-29～表8-32内工程量计算规则。

5. 有关工程量计算的说明

1）天棚抹灰与顶棚吊顶工程量计算规则有所不同：天棚抹灰不扣除柱垛所占面积；天棚吊顶不扣除柱垛所占面积，但应扣除独立柱所占面积。柱垛是指与墙体相连的柱面突出墙体的部分。

2）天棚吊顶应扣除与天棚吊顶相连的窗帘盒所占的面积。

3）栅格吊顶、吊筒吊顶、藤条造型悬挂吊顶、织物软吊顶、网架（装饰）吊顶均按设计图示的吊顶尺寸水平投影面积计算。

6. 天棚工程工程量清单项目表

1）天棚抹灰：工程量清单项目的设置、项目特征描述的内容、计量单位、工程量计算规则应按表8-29执行。

表8-29 天棚抹灰（编码：011301）

项目编码	项目名称	项目特征	计量单位	工程量计算规则	工作内容
011301001	天棚抹灰	1. 基层类型 2. 抹灰厚度、材料种类 3. 砂浆配合比	m²	按设计图示尺寸以水平投影面积计算。不扣除间壁墙、垛、柱、附墙烟囱、检查口和管道所占的面积，带梁天棚、梁两侧抹灰面积并入天棚面积内，板式楼梯底面抹灰按斜面积计算，锯齿形楼梯底板抹灰按展开面积计算	1. 基层清理 2. 底层抹灰 3. 抹面层

2）天棚吊顶：工程量清单项目的设置、项目特征描述的内容、计量单位、工程量计算规则应按表8-30执行。

表8-30 天棚吊顶（编码：011302）

项目编码	项目名称	项目特征	计量单位	工程量计算规则	工作内容
011302001	吊顶天棚	1. 吊顶形式、吊杆规格、高度 2. 龙骨材料种类、规格、中距 3. 基层材料种类、规格 4. 面层材料品种、规格 5. 压条材料种类、规格 6. 嵌缝材料种类 7. 防护材料种类	m²	按设计图示尺寸以水平投影面积计算。天棚面中的灯槽及跌级、锯齿形、吊挂式、藻井式天棚面积不展开计算。不扣除间壁墙、检查口、附墙烟囱、柱垛和管道所占面积，扣除单个＞0.3m²的孔洞、独立柱与天棚相连的窗帘盒所占的面积	1. 基层清理、吊杆安装 2. 龙骨安装 3. 基层板铺贴 4. 面层铺贴 5. 嵌缝 6. 刷防护材料
011302002	格栅吊顶	1. 龙骨材料种类、规格、中距 2. 基层材料种类、规格 3. 面层材料品种、规格 4. 防护材料种类		按设计图示尺寸以水平投影面积计算	1. 基层清理 3. 安装龙骨 4. 基层板铺贴 5. 面层铺贴 6. 刷防护材料
011302003	吊筒吊顶	1. 吊筒形状、规格 2. 吊筒材料种类 3. 防护材料种类			1. 基层清理 2. 吊筒制作安装 3. 刷防护材料

项目编码	项目名称	项目特征	计量单位	工程量计算规则	工作内容
011302004	藤条造型悬挂吊顶	1. 骨架材料种类、规格 2. 面层材料品种、规格	m²	按设计图示尺寸以水平投影面积计算	1. 基层清理 2. 龙骨安装 3. 铺贴面层
011302005	织物软雕吊顶				
011302006	网架（装饰）吊顶	1. 网架材料品种、规格			1. 基层清理 2. 网架制作安装

3）采光天棚工程 工程量清单项目的设置、项目特征描述的内容、计量单位、工程量计算规则应按表8-31执行。

表8-31 采光天棚工程（编码：011303）

项目编码	项目名称	项目特征	计量单位	工程量计算规则	工作内容
011303001	采光天棚	1. 骨架类型 2. 固定类型、固定材料品种、规格 3. 面层材料品种、规格 4. 嵌缝、塞口材料种类	m²	按框外围展开面积计算	1. 清理基层 2. 面层制安 3. 嵌缝、塞口 4. 清洗

注：采光天棚骨架不包括在本节中，应单独按《建设工程工程量清单计价规范》附录F相关项目编码列项。

4）天棚其他装饰 工程量清单项目的设置、项目特征描述的内容、计量单位、工程量计算规则应按表8-32执行。

表8-32 天棚其他装饰（编码：011304）

项目编码	项目名称	项目特征	计量单位	工程量计算规则	工作内容
011304001	灯带（槽）	1. 灯带型式、尺寸 2. 格栅片材料品种、规格 3. 安装固定方式	m²	按设计图示尺寸以框外围面积计算	安装、固定
011304002	送风口、回风口	1. 风口材料品种、规格、 2. 安装固定方式 3. 防护材料种类	个	按设计图示数量计算	1. 安装、固定 2. 刷防护材料

8.3.5 油漆、涂料、裱糊工程

1. 概况

油漆、涂料、裱糊工程包括门油漆、窗油漆、扶手、板条面、线条面、木材面油漆、抹灰面油漆、喷刷涂料、裱糊等。适用于门窗油漆、金属、抹灰面油漆工程。

2. 有关项目的说明

1）有关项目中已包括油漆、涂料的不再单独按本内容列项。

2）连门窗可按门油漆项目编码列项。

3）木扶手区别带托板与不带托板分别编码列项。

3. 有关项目特征的说明

1）门的类型应分镶板门、木板门、胶合板门、装饰实木门、木纱门、木质防火门、连窗门、平开门、推拉门、单扇门、双扇门、代纱门、全玻门（带木扇框）半玻门、半百叶门以及带亮子、不带亮子、有门框、无门框和单独门框等油漆。

2）窗类型应分为平开窗、推拉窗、提拉窗、固定窗、空花窗、百叶窗以及单扇窗、双扇窗、单层窗、双层窗、带亮子、不带亮子等。

3）腻子种类分为石膏油腻子、胶腻子、漆片腻子、油腻子等。

4）刮腻子要求，分刮腻子遍数（道数）或满刮腻子或找补腻子。

4. 工程量计算规则

油漆、涂料、裱糊工程工程量：见表8-33～表8-40内工程量计算规则。

5. 油漆、涂料、裱糊工程

1）门油漆。工程量清单项目设置、项目特征描述的内容、计量单位、工程量计算规则应按表8-33的规定执行。

表8-33　门油漆（编号：011401）

项目编码	项目名称	项目特征	计量单位	工程量计算规则	工作内容
011401001	木门油漆	1. 门类型 2. 门代号及洞口尺寸 3. 腻子种类 4. 刮腻子遍数 5. 防护材料种类 6. 油漆品种、刷漆遍数	1. 樘 2. m²	1. 以樘计量，按设计图示数量计量； 2. 以平方米计量，按设计图示洞口尺寸以面积计算	1. 基层清理 2. 刮腻子 3. 刷防护材料、油漆
011401002	金属门油漆				1. 除锈、基层清理 2. 刮腻子 3. 刷防护材料、油漆

注：①木门油漆应区分木大门、单层木门、双层（一玻一纱）木门、双层（单裁口）木门、全玻自由门、半玻自由门、装饰门及有框门或无框门等项目，分别编码列项。

②金属门油漆应区分平开门、推拉门、钢制防火门列项。

③以平方米计量，项目特征可不必描述洞口尺寸。

2）窗油漆。工程量清单项目设置、项目特征描述的内容、计量单位、工程量计算规则应按表8-34的规定执行。

表8-34　窗油漆（编号：011402）

项目编码	项目名称	项目特征	计量单位	工程量计算规则	工作内容
011402001	木窗油漆	1. 窗类型 2. 窗代号及洞口尺寸 3. 腻子种类 4. 刮腻子遍数 5. 防护材料种类 6. 油漆品种、刷漆遍数	1. 樘 2. m²	1. 以樘计量，按设计图示数量计量； 2. 以平方米计量，按设计图示洞口尺寸以面积计算	1. 基层清理 2. 刮腻子 3. 刷防护材料、油漆
011402002	金属窗油漆				1. 除锈、基层清理 2. 刮腻子 3. 刷防护材料、油漆

注：①木窗油漆应区分单层木门、双层（一玻一纱）木窗、双层框扇（单裁口）木窗、双层框三层（二玻一纱）木窗、单层组合窗、双层组合窗、木百叶窗、木推拉窗等项目，分别编码列项。

②金属窗油漆应区分平开窗、推拉窗、固定窗、组合窗、金属隔栅窗分别列项。

③以平方米计量，项目特征可不必描述洞口尺寸。

3）木扶手及其他板条、线条油漆。工程量清单项目设置、项目特征描述的内容、计量单位、工程量计算规则应按表8-35的规定执行。

表 8-35　木扶手及其他板条、线条油漆（编号：011403）

项目编码	项目名称	项目特征	计量单位	工程量计算规则	工作内容
011403001	木扶手油漆	1. 断面尺寸 2. 腻子种类 3. 刮腻子遍数 4. 防护材料种类 5. 油漆品种、刷漆遍数	m	按设计图示尺寸以长度计算	1. 基层清理 2. 刮腻子 3. 刷防护材料、油漆
011403002	窗帘盒油漆				
011403003	封檐板、顺水板油漆				
011403004	挂衣板、黑板框油漆				
011403005	挂镜线、窗帘棍、单独木线油漆				

注：木扶手应区分带托板与不带托板，分别编码列项，若是木栏杆代扶手，木扶手不应单独列项，应包含在木栏杆油漆中。

4）木材面油漆。工程量清单项目设置、项目特征描述的内容、计量单位、工程量计算规则应按表 8-36 的规定执行。

表 8-36　木材面油漆（编号：011404）

项目编码	项目名称	项目特征	计量单位	工程量计算规则	工作内容
011404001	木板、纤维板、胶合板油漆	1. 腻子种类 2. 刮腻子遍数 3. 防护材料种类 4. 油漆品种、刷漆遍数	m²	按设计图示尺寸以面积计算	1. 基层清理 2. 刮腻子 3. 刷防护材料、油漆
011404002	木护墙、木墙裙油漆				
011404003	窗台板、筒子板、盖板、门窗套、踢脚线油漆				
011404004	清水板条天棚、檐口油漆				
011404005	木方格吊顶天棚油漆				
011404006	吸音板墙面、天棚面油漆				
011404007	暖气罩油漆				
011404008	木间壁、木隔断油				
011404009	玻璃间壁露明墙筋油漆			按设计图示尺寸以单面外围面积计算	
011404010	木栅栏、木栏杆（带扶手）油漆				

续表

项目编码	项目名称	项目特征	计量单位	工程量计算规则	工作内容
011404011	衣柜、壁柜油漆	1. 腻子种类 2. 刮腻子遍数 3. 防护材料种类 4. 油漆品种、刷漆遍数	m²	按设计图示尺寸以油漆部分展开面积计算	1. 基层清理 2. 刮腻子 3. 刷防护材料、油漆
011404012	梁柱饰面油漆				
011404013	零星木装修油漆				
011404014	木地板油漆				
011404015	木地板烫硬蜡面	1. 硬蜡品种 2. 面层处理要求		按设计图示尺寸以面积计算。空洞、空圈、暖气包槽、壁龛的开口部分并入相应的工程量内	1. 基层清理 2. 烫蜡

5）金属面油漆。工程量清单项目设置、项目特征描述的内容、计量单位、工程量计算规则应按表 8-37 的规定执行。

表 8-37　金属面油漆（编号：011405）

项目编码	项目名称	项目特征	计量单位	工程量计算规则	工作内容
011405001	金属面油漆	1. 构件名称 2. 腻子种类 3. 刮腻子要求 4. 防护材料种类 5. 油漆品种、刷漆遍数	1. t 2. m²	1. 以 t 计量，按设计图示尺寸以质量计算； 2. 以 m² 计量，按设计展开面积计算	1. 基层清理 2. 刮腻子 3. 刷防护材料、油漆

6）抹灰面油漆。工程量清单项目设置、项目特征描述的内容、计量单位、工程量计算规则应按表 8-38 的规定执行。

表 8-38　抹灰面油漆（编号：011406）

项目编码	项目名称	项目特征	计量单位	工程量计算规则	工作内容
011406001	抹灰面油漆	1. 基层类型 2. 腻子种类 3. 刮腻子遍数 4. 防护材料种类 5. 油漆品种、刷漆遍数	m²	按设计图示尺寸以面积计算	1. 基层清理 2. 刮腻子 3. 刷防护材料、油漆
011406002	抹灰线条油漆	1. 线条宽度、道数 2. 腻子种类 3. 刮腻子遍数 4. 防护材料种类 5. 油漆品种、刷漆遍数	m	按设计图示尺寸以长度计算	
011406003	满刮腻子	1. 基层类型 2. 腻子种类 3. 刮腻子遍数	m²	按设计图示尺寸以面积计算	1. 基层清理 2. 刮腻子

7）喷刷涂料。工程量清单项目设置、项目特征描述的内容、计量单位、工程量计算规则应按表8-39的规定执行。

表8-39　喷刷涂料（编号：011407）

项目编码	项目名称	项目特征	计量单位	工程量计算规则	工作内容
011407001	墙面喷刷涂料	1. 基层类型 2. 喷刷涂料部位 3. 腻子种类 4. 刮腻子要求 5. 涂料品种、喷刷遍数	m^2	按设计图示尺寸以面积计算	1. 基层清理 2. 刮腻子 3. 刷、喷涂料
011407002	天棚喷刷涂料				
011407003	空花格、栏杆刷涂料	1. 腻子种类 2. 刮腻子遍数 3. 涂料品种、刷喷遍数	m^2	按设计图示尺寸以单面外围面积计算	
011407004	线条刷涂料	1. 基层清理 2. 线条宽度 3. 刮腻子遍数 4. 刷防护材料、油漆	m	按设计图示尺寸以长度计算	
011407005	金属构件刷防火涂料	1. 喷刷防火涂料构件名称 2. 防火等级要求 3. 涂料品种、喷刷遍数	1. m^2 2. t	1. 以 t 计量，按设计图示尺寸以质量计算； 2. 以 m^2 计量，按设计展开面积计算	1. 基层清理 2. 刷防护材料、油漆
011407006	木材构件喷刷防火涂料		1. m^2 2. m^3	1. 以 m^2 计量，按设计图示尺寸以面积计算； 2. 以 m^3 计量，按设计结构尺寸以体积计算	1. 基层清理 2. 刷防火材料

8）裱糊。工程量清单项目设置、项目特征描述的内容、计量单位、工程量计算规则应按表8-40的规定执行。

表8-40　裱糊（编号：011408）

项目编码	项目名称	项目特征	计量单位	工程量计算规则	工作内容
011408001	墙纸裱糊	1. 基层类型 2. 裱糊部位 3. 腻子种类 4. 刮腻子遍数 5. 粘结材料种类 6. 防护材料种类 7. 面层材料品种、规格、颜色	m^2	按设计图示尺寸以面积计算	1. 基层清理 2. 刮腻子 3. 面层铺粘 4. 刷防护材料
011408002	织锦缎裱糊				

6. 有关油漆、涂料、裱糊工程工程量计算的说明

1）楼梯扶手工程量按中心线斜长计算，弯头长度应计算在扶手长度内。

2）挡风板工程量按中心线斜长计算，有大刀头的每个大刀头增加长度50cm。

3）木板、纤维板、胶合板油漆，单面油漆按单面面积计算，双面油漆按双面面积计算。

4）木护墙、木墙裙油漆按垂直投影面积计算。

5）台板、筒子板、盖板、门窗套、踢脚线油漆按水平或垂直投影面积（门窗套的贴脸板和筒子板垂直投影面积合并）计算。

6）清水板条顶棚、檐口油漆、木方格吊顶顶棚油漆以及水平投影面积计算，不扣除空洞面积。

7）暖气罩油漆，垂直面按垂直投影面积计算，突出墙面的水平面按水平投影面积计算，不扣除空洞面积。

8）工程量以面积计算的油漆、涂料项目，线脚、线条、压条等不展开。

7. 有关油漆、涂料、裱糊工程工程内容的说明

1）有线脚、线条、压条的油漆、涂料面的工料消耗应包括在报价内。

2）灰面的油漆、涂料，应注意基层的类型，如：一般抹灰墙柱面与拉条灰、拉毛灰、甩毛灰等油漆、涂料的耗工量与材料消耗量的不同。

3）空花格、栏杆刷涂料工程量按外框单面垂直投影面积计算，应注意其展开面积工料消耗应包括在报价内。

4）刮腻子应注意刮腻子遍数，是满刮，还是找补腻子。

5）墙纸和织锦缎的裱糊，应注意要求对花还是不对花。

8.3.6　其他工程

1. 概况

其他工程包括柜类、货架、暖气罩、浴厕配件、压条、装饰线、雨篷、旗杆、招牌、灯箱、美术字等项目。适用于装饰物件的制作、安装工程。

2. 有关项目的说明

1）厨房壁柜和厨房吊柜以嵌入墙内为壁柜，以支架固定在墙上的为吊柜。

2）压条、装饰线项目已包括在门扇、墙柱面、顶棚等项目内，不再单独列项。

3）洗漱台项目适用于石质（天然石材、人造石材等）、玻璃等。

4）旗杆的砌砖或混凝土台座，台座的饰面可按相关附录的章节另行编码列项，也可纳入旗杆的报价内。

5）美术字不分体字，按大小规格分类。

3. 有关项目特征的说明

1）台柜的规格以能分离的成品单体长、宽、高来表示。如一个组合书柜上下两部分，下部为独立的矮柜，上部为敞开式的书柜，可以上、下两部分标注尺寸。

2）镜面玻璃和灯箱等的基层材料是指玻璃背后的衬垫材料，如胶合板、油毡等。

3）装饰线和美术字的基层，是指装饰线、美术字依托体的材料，如砖墙、木墙、石墙、混凝土墙、墙面抹灰、钢支架等。

4）旗杆高度指旗杆台座上表面至旗杆顶的尺寸（包括球珠）。

5）美术字的字体规格以字的外接矩形长、宽和字的厚度表示。固定方式指粘接、焊接以及铁钉、螺栓、铆钉固定等方式。

4. 工程量计算规则

其他工程工程量计算规则：见表8-41～表8-48内工程量计算规则。

5. 有关工程量计算的说明

1）台柜工程量以"个"计算，即能分离的同规格的单体个数计算。如：柜台有同规格为 1500mm × 400mm × 1200mm 的 5 个单体，另有一个柜台规格为 1500mm × 400mm × 1150mm，台底安装胶轮 4 个，以便柜台内营业员由此出入，这样 1500mm × 400mm × 1200mm 规格的柜台数为 5 个，1500mm × 400mm × 1150mm 柜台数为 1 个。

2）洗漱台放置洗面盆的地方必须挖洞，根据洗漱台摆放的位置有些还需选形，产生挖弯、削角，为此洗漱台的工程量按外接矩形计算。挡板指镜面玻璃下边沿至洗漱台面和侧墙与台面接触部位的竖挡板（一般挡板与台面使用同种材料品种，不同材料品种应另行计算）。

6. 有关工程内容的说明

1）台柜项目以"个"计算，应按设计图纸或说明，包括台柜、台面材料（石材、皮草、金属、实木等）、内隔板材料、连接件、配件等，均应包括在报价内。

2）洗漱台现场制作，切割、磨边等人工、机械的费用应包括在报价内。

3）金属旗杆也可将旗杆台座及台座面层一并纳入报价。

7. 其他装饰工程工程量清单项目单

1）工程量清单项目设置、项目特征描述的内容、计量单位、工程量计算规则应按表 8-41 的规定执行。

表 8-41　柜类、货架（编号：011501）

项目编码	项目名称	项目特征	计量单位	工程量计算规则	工作内容
011501001	柜台				
011501002	酒柜				
011501003	衣柜				
011501004	存包柜				
011501005	鞋柜				
011501006	书柜				
011501007	厨房壁柜				
011501008	木壁柜				
011501009	厨房低柜	1. 台柜规格	1. 个	1. 以个计量，按设计图示数量计量；	1. 台柜制作、运输、安装（安放）
011501010	厨房吊柜	2. 材料种类、规格	2. m		2. 刷防护材料、油漆
011501011	矮柜	3. 五金种类、规格	3. m³	2. 以米计量，按设计图示尺寸以延长米计算	3. 五金件安装
011501012	吧台背柜	4. 防护材料种类			
011501013	酒吧吊柜	5. 油漆品种、刷漆遍数			
011501014	酒吧台				
011501015	展台				
011501016	收银台				
011501017	试衣间				
011501018	货架				
011501019	书架				
011501020	服务台				

2）压条、装饰线。工程量清单项目设置、项目特征描述的内容、计量单位、工程量计算规则应按表8-42的规定执行。

表 8-42　装饰线（编号：011502）

项目编码	项目名称	项目特征	计量单位	工程量计算规则	工作内容
011502001	金属装饰线	1. 基层类型 2. 线条材料品种、规格、颜色 3. 防护材料种类	m	按设计图示尺寸以长度计算	1. 线条制作、安装 2. 刷防护材料
011502002	木质装饰线				
011502003	石材装饰线				
011502004	石膏装饰线				
011502005	镜面玻璃线				
011502006	铝塑装饰线				
011502007	塑料装饰线				

3）扶手、栏杆、栏板装饰：工程量清单项目的设置、项目特征描述的内容、计量单位、工程量计算规则应按表8-43执行。

表 8-43　扶手、栏杆、栏板装饰（编码：011503）

项目编码	项目名称	项目特征	计量单位	工程量计算规则	工作内容
011503001	金属扶手、栏杆、栏板	1. 扶手材料种类、规格、品牌 2. 栏杆材料种类、规格、品牌 3. 栏板材料种类、规格、品牌、颜色 4. 固定配件种类 5. 防护材料种类	m	按设计图示以扶手中心线长度（包括弯头长度）计算	1. 制作 2. 运输 3. 安装 4. 刷防护材料
011503002	硬木扶手、栏杆、栏板				
011503003	塑料扶手、栏杆、栏板				
011503004	金属靠墙扶手	1. 扶手材料种类、规格、品牌 2. 固定配件种类 3. 防护材料种类			
011503005	硬木靠墙扶手				
011503006	塑料靠墙扶手				
011503006	玻璃栏板	1. 栏杆玻璃的种类、规格、颜色、品牌 2. 固定方式 3. 固定配件种类			

4）暖气罩。工程量清单项目设置、项目特征描述的内容、计量单位、工程量计算规则、应按表8-44的规定执行。

表 8-44　暖气罩（编号：011504）

项目编码	项目名称	项目特征	计量单位	工程量计算规则	工作内容
011504001	饰面板暖气罩	1. 暖气罩材质 2. 防护材料种类	m²	按设计图示尺寸以垂直投影面积（不展开）计算	1. 暖气罩制作、运输、安装 2. 刷防护材料、油漆
011504002	塑料板暖气罩				
011504003	金属暖气罩				

5）浴厕配件。工程量清单项目设置、项目特征描述的内容、计量单位、工程量计算规则应按表 8-45 的规定执行。

表 8-45　浴厕配件（编号：011505）

项目编码	项目名称	项目特征	计量单位	工程量计算规则	工作内容
011505001	洗漱台	1. 材料品种、规格、品牌、颜色 2. 支架、配件品种、规格、品牌	1. m² 2. 个	1. 按设计图示尺寸以台面外接矩形面积计算。不扣除孔洞、挖弯、削角所占面积，挡板、吊沿板面积并入台面面积内； 2. 按设计图示数量计算	1. 台面及支架制作、运输、安装 2. 杆、环、盒、配件安装 3. 刷油漆
011505002	晒衣架		个	按设计图示数量计算	
011505003	帘子杆				
011505004	浴缸拉手				
011505005	卫生间扶手				
011505006	毛巾杆（架）		套		
011505007	毛巾环		副		
011505008	卫生纸盒		个		
011505009	肥皂盒				
011505010	镜面玻璃	1. 镜面玻璃品种、规格 2. 框材质、断面尺寸 3. 基层材料种类 4. 防护材料种类	m²	按设计图示尺寸以边框外围面积计算	1. 基层安装 2. 玻璃及框制作、运输、安装
011505011	镜箱	1. 箱材质、规格 2. 玻璃品种、规格 3. 基层材料种类 4. 防护材料种类 5. 油漆品种、刷漆遍数	个	按设计图示数量计算	1. 基层安装 2. 箱体制作、运输、安装 3. 玻璃安装 4. 刷防护材料、油漆

6）雨篷、旗杆。工程量清单项目设置、项目特征描述的内容、计量单位、工程量计算规则应按表 8-46 的规定执行。

表 8-46　雨篷、旗杆（编号：011506）

项目编码	项目名称	项目特征	计量单位	工程量计算规则	工作内容
011506001	雨篷吊挂饰面	1. 基层类型 2. 龙骨材料种类、规格、中距 3. 面层材料品种、规格、品牌 4. 吊顶（天棚）材料品种、规格、品牌 5. 嵌缝材料种类 6. 防护材料种类	m²	按设计图示尺寸以水平投影面积计算。	1. 底层抹灰 2. 龙骨基层安装 3. 面层安装 4. 刷防护材料、油漆
011506002	金属旗杆	1. 旗杆材料、种类、规格 2. 旗杆高度 3. 基础材料种类 4. 基座材料种类 5. 基座面层材料、种类、规格	根	按设计图示数量计算	1. 土石挖、填、运 2. 基础混凝土浇注 3. 旗杆制作、安装 4. 旗杆台座制作、饰面
011506003	玻璃雨篷	1. 玻璃雨篷固定方式 2. 龙骨材料种类、规格、中距 3. 玻璃材料品种、规格、品牌 4. 嵌缝材料种类 5. 防护材料种类	m²	按设计图示尺寸以水平投影面积计算	1. 龙骨基层安装 2. 面层安装 3. 刷防护材料、油漆

7）招牌、灯箱。工程量清单项目设置、项目特征描述的内容、计量单位、应按表 8-47 的规定执行。

表 8-47　招牌、灯箱（编号：011507）

项目编码	项目名称	项目特征	计量单位	工程量计算规则	工作内容
011507001	平面、箱式招牌	1. 箱体规格 2. 基层材料种类 3. 面层材料种类 4. 防护材料种类	m²	按设计图示尺寸以正立面边框外围面积计算。复杂形的凸凹造型部分不增加面积	1. 基层安装 2. 箱体及支架制作、运输、安装 3. 面层制作、安装 4. 刷防护材料、油漆
011507002	竖式标箱		个	按设计图示数量计算	
011507003	灯箱				

8）美术字。工程量清单项目设置、项目特征描述的内容、计量单位，应按表 8-48 的规定执行。

表 8-48　美术字（编号：011508）

项目编码	项目名称	项目特征	计量单位	工程量计算规则	工作内容
011508001	泡沫塑料字	1. 基层类型 2. 镌字材料品种、颜色 3. 字体规格 4. 固定方式 5. 油漆品种、刷漆遍数	个	按设计图示数量计算	1. 字制作、运输、安装 2. 刷油漆
011508002	有机玻璃字				
011508003	木质字				
011508004	金属字				
011508005	吸塑字				

8.4　工程预算编制实例

如某市政管理局办公楼会议室装饰装修工程，室内高度为 5m，吊顶后室内高度为 4.62m，建筑面积为 216.94m²，现需对该工程进行招标，要求业主制定工程量清单，以提供招标使用。

注：本案例共包括三部分内容，第一部分为工程量清单，第二部分为招标控制价，第三部分为投标报价。

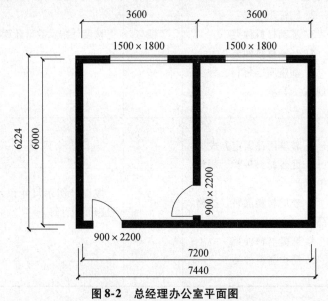

图 8-2　总经理办公室平面图

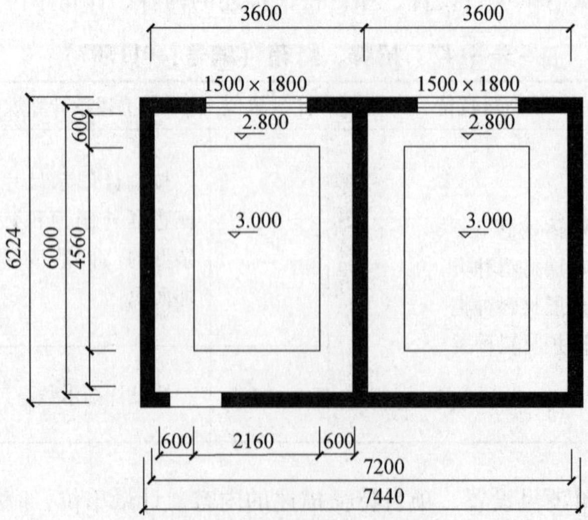

图 8-3　总经理办公室天棚图

8.4.1　工程量清单编制案例

总经理办公室装饰装修工程

招标工程量清单

工程造价

招　标　人：<u>某市文化公司</u>　　　　　　咨　询　人：<u>某工程造价咨询企业资质专用章</u>
　　　　（单位盖章）　　　　　　　　　　　（单位资质专用章）

法定代表人　　　　　　　　　　　　　法定代表人
或其授权人：<u>某单位法定代表人</u>　　　或其授权人：<u>某工程造价咨询企业法定代表人</u>
　　　　（签字或盖章）　　　　　　　　　　（签字或盖章）

编　制　人：　　<u>某签字，盖造价工程师或造价师员专用章</u>
　　　　（造价人员签字盖专用章）

复　核　人：　　<u>某签字，盖造价工程师专用章</u>
　　　　（造价工程师签字盖专用章）

编制时间：　　年　月　日　复核时间：　　年　月　日
总说明

工程名称：总经理办公室装饰装修工程　　　　　　　　　　　第　页　共　页

一、工程基本情况说明：

建设单位为某市文化公司，工程位置在某省某市某区某路某号。

二、工程面积、内容、要求、进度：

该工程建筑面积为 46.43m^2。

主要内容为文化公司总经理办公室内部装饰装修工程。

该办公室层数为单层楼，框架结构，建筑高度为 3.4m，要求优良工程，工期为 75 天。

三、材料和工艺要求说明：

因工程质量要求优良，故所有材料必须持有市以上有关部门颁发的《产品合格证书》及价格中档的建筑材料。

　　施工工艺必须符合国家有关装饰施工规范标准。

表8-49 分部分项工程量清单与计价表

工程名称：总经理办公室装饰装修工程 　　　　　　　　标段： 　　　　　　第 页 共 页

序号	项目编码	项目名称	项目特征描述	计量单位	工程量	金额（元）		
						综合单价	合价	其中：估计价
			K. 楼地面工程					
1	011102002001	块料楼地面	1. 垫层材料种类、厚度 2. 找平层厚度、砂浆配合比 3. 防水层、材料种类 4. 填充材料种类、厚度 5. 结合层厚度、砂浆配合比 6. 面层材料种类、规格、品牌、颜色 7. 嵌缝材料种类 8. 防护层材料种类 9. 酸洗、打蜡要求	m²	38.70			
2	011105003002	块料踢脚线	1. 踢脚线高度 2. 底层厚度、砂浆配合比 3. 粘贴层厚度、材料种类 4. 面层材料品种、规格、品牌、颜色 5. 勾缝材料种类 6. 防护材料种类	m²	5.11			
			（其他略）					
			分部小计					
			L. 墙、柱面工程					
3	011201001001	墙面一般抹灰	1. 墙体类型 2. 底层厚度、砂浆配合比 3. 面层厚度、砂浆配比度 4. 装饰面材料种类 5. 分隔缝宽带、材料种类	m²	112.69			
			（其他略）					
			分部小计					
			M. 天棚工程					
4	011301001001	天棚抹灰	1. 基层类型 2. 抹灰厚度、材料种类 3. 装饰线条道数 4. 砂浆配合比	m²	38.70			
5	011302001002	天棚龙骨架	1. 吊顶形式 2. 龙骨种类、材料种类、规格、中距	m²	38.70			
6	011302001003	天棚面层	3. 基层材料种类、规格 4. 面层材料种类	m²	44.08			

序号	项目编码	项目名称	项目特征描述	计量单位	工程量	金额（元）		
						综合单价	合价	其中：估计价
			（其他略）					
			分部小计					
			H. 门窗工程					
7	010801004001	胶合板门	1. 类型门 2. 框截面尺寸、单扇面积 3. 骨架材料种类 4. 面层材料品种、规格、品牌、颜色 5. 玻璃品种、厚度、五金材料、品种、规格 6. 防护层材料种类 7. 油漆品种、刷漆遍数	m²	3.96			
8	010806002001	金属平开窗	1. 窗类型 2. 框材质、外围尺寸 3. 扇材质、外围尺寸 4. 玻璃品种、厚度、五金材料、品种、规格 5. 防护层材料种类 6. 油漆品种、刷漆遍数	m²	5.40			
			（其他略）					
			分部小计					
			N. 油漆、涂料、糊裱工程					
9	011407001001	墙面乳胶漆	1. 基层类型 2. 腻子种类	m²	85.70			
10	011407001002	天棚乳胶漆	3. 刮腻子要求 4. 涂料品种、刷漆数遍	m²	44.08			
			（其他略）					
			分部小计					
			合计					

注：根据住房和城乡建设部、财政部发布的《建筑安装工程费用组成》（建标［2013］44号）的规定，为计取规费等的使用，可在表中增设其中："直接费""人工费"或"人工费＋机械费"。

表 8-50 措施项目清单与计价表（一）

工程名称：总经理办公室装饰装修工程　　　　　　　　标段：　　　　　　　　第　页　共　页

序号	项目名称	计算基础	费率（％）	金额（元）
1	安全文明施工费			
2	夜间施工费			
3	二次搬运费			
4	冬雨季施工			
5	大型机械设备进出场及安拆费			
	合计			

注：1. 本表适用于以"项"计价的措施项目。

2. 根据住房和城乡建设部、财政部发布的《建筑安装工程费用组成》（建标［2013］44号）的规定，"计算基础"可为"直接费""人工费"或"人工费＋机械费"。

表 8-51　其他项目清单与计价汇总表

工程名称：总经理办公室装饰装修工程　　　　　　标段：　　　　　第 页 共 页

序号	项目名称	计量单位	金额（元）	金额（元）
1	暂列金额	项		
2	暂估价			
2.1	材料暂估价			
2.2	材料暂估价	项		
3	计日工			
4	总承包服务费			
	合计			—

注：材料暂估价单位进入清单项目综合单价，此处不汇总。

表 8-52　暂列金额明细表

工程名称：总经理办公室装饰装修工程　　　　　　标段：　　　　　第 页 共 页

序号	项目名称	计量单位	暂定金额（元）	备注
1	工程量清单变更和设计变更	项		
2	政策性调整和材料价格风险	项		
3	其他	项		
	合计			

注：此表由招标人填写，如不能详列，也可只列暂定金额总额，投标人应将上述暂列金额计入投标总价中。

表 8-53　材料暂估单价表

工程名称：总经理办公室装饰装修工程　　　　　　标段：　　　　　第 页 共 页

序号	材料名称、规格、型号	计量单位	单价（元）	备注
1	800mm×800mm 地板砖	m²		
2	乳胶漆	m²		
	（其他略）			

注：1. 此表由招标人填写，并在备注栏中说明暂估价的材料拟用在哪些清单项目上，投标人应将上述材料暂估单价计入工程量清单综合单价报价中。

　　2. 材料包括原材料、燃料、构配件以及按规定应计入建筑安装工程造价的设备。

表8-54 计日工表

工程名称：总经理办公室装饰装修工程 　　　　　　　标段： 　　　　　　第 页 共 页

编号	项目名称	单位	暂定数量	综合单价	合价
一	人工				
1	技工	工日			
人工小计					
二	材料				
1					
材料小计				—	
三	施工机械				
1					
施工机械小计				—	
总计					

注：此表项目名称、数量由招标人填写，编制招标控制价时，单价由招标人按有关计价规定确定；投标时，单价由投标人自主报价，
　　计入投标总价中。

表8-55 规费、税金项目清单与计价表

工程名称：总经理办公室装饰装修工程 　　　　　　　标段： 　　　　　　第 页 共 页

序号	项目名称	计算基础	费率（%）	金额（元）
1	规费	1.1＋1.2＋1.3＋1.4＋1.5		
1.1	工程排污费	按工程所在地环保部门规定按实计算		按实际发生额计算
1.2	社会保障费	(1)＋(2)＋(3)		
1.3	住房公积金	定额计算		
1.4	危险作业意外伤害保险	定额计算		
1.5	工程定额测定费			已取消
2	税金	分部分项工程费＋措施项目费＋其他项目费＋规费		
合计				

注：根据住房和城乡建设部、财政部发布的《建筑安装工程费用组成》（建标〔2013〕44号）的规定，"计算基础"可为"直接费"
　　"人工费"或"人工费＋机械费"。

8.4.2 招标控制价编制案例

总经理办公室装饰装修工程

招标控制价

招标控制价（小写）：_____12415.00 元_____

（大写）：_____壹万贰仟肆佰壹拾伍元整_____

工程造价

招 标 人：某市文化公司 咨询人：某工程造价咨询企业资质专用章

（单位盖章） （单位资质专用章）

法定代表人 法定代表人

或其授权人：某单位法定代表人 或其授权人：某工程造价咨询企业法定代表人

（签字或盖章） （签字或盖章）

编制人：_____某签字，盖造价工程师或造价师员专用章_____

（造价人员签字盖专用章）

复 核 人：_____某签字，盖造价工程师专用章_____

（造价工程师签字盖专用章）

编制时间： 年 月 日 复核时间： 年 月 日

总说明

工程名称：总经理办公室装饰装修工程 第 页 共 页

四、工程基本情况说明：

建设单位为某市文化公司，工程位置在某省某市某区某路某号。

五、工程面积、内容、要求、进度：

该工程建筑面积为 46.43m²。

主要内容为文化公司总经理办公室内部装饰装修工程。

该办公室层数为单层楼，框架结构，建筑高度为 3.4m，要求优良工程，工期为 75 天。

六、材料和工艺要求说明：

因工程质量要求优良，故所有材料必须持有市以上有关部门颁发的《产品合格证书》及价格中档的建筑材料。

施工工艺必须符合国家有关装饰施工规范标准。

表8-56　分部分项工程量清单与计价表

工程名称：总经理办公室装饰装修工程　　　　　　　　　　　　　　　　　　　第　页　共　页

序号	单项工程名称	金额（元）	其中		
			暂估价（元）	安全文明施工费（元）	规费（元）
1	总经理办公室装饰装修工程	12414.74	13258.70	223.09	712.59
合计		12414.74	13258.70	223.09	712.59

注：本表适用于工程项目招标控制价或投标报价的汇总。

表8-57　单项工程招标控制价汇总表

工程名称：总经理办公室装饰装修工程　　　　　　　　　　　　　　　　　　　第　页　共　页

序号	汇总内容	金额（元）	其中：暂估价（元）
1	分部分项工程	12414.74	13258.70
1.1	B.1　楼地面工程	3418.74	3318.51
1.2	B.2　墙、柱面工程	1796.58	1796.58
1.3	B.3　天棚工程	3244.18	3142.80
1.4	B.4　门窗工程	1905.55	2095.43
1.5	B.5　油漆、涂料、糊裱工程	1869.69	2725.38
2	措施项目	223.09	
2.1	安全文明施工费	223.09	
3	其他项目	2192.52	
3.1	暂列金额	2000.00	
3.1	专业工程暂估价	0.00	
3.3	计日工	192.52	
3.4	总承包服务费	0.00	
4	规费	742.59	
5	税金	488.99	
招标控制价合计＝1+2+3+4+5		16061.93	16905.89

注：本表适用于单位工程招标控制价或投标报价的汇总，如无单位工程划分，单项工程也使用本表汇总。

表8-58 分部分项工程量清单与计价表

工程名称：总经理办公室装饰装修工程　　　　　　　　标段：　　　　　　　　第 页 共 页

序号	项目编码	项目名称	项目特征描述	计量单位	工程量	金额（元）		
						综合单价	合价	其中：估计价
			K. 楼地面工程					
1	011102002001	块料楼地面	1. 垫层材料种类、厚度 2. 找平层厚度、砂浆配合比 3. 防水层、材料种类 4. 填充材料种类、厚度 5. 结合层厚度、砂浆配合比 6. 面层材料种类、规格、品牌、颜色 7. 嵌缝材料种类 8. 防护层材料种类 9. 酸洗、打蜡要求	m²	38.70	77.59	3002.73	2902.50
2	011105003002	块料踢脚线	1. 踢脚线高度 2. 底层厚度、砂浆配合比 3. 粘贴层厚度、材料种类 4. 面层材料品种、规格、品牌、颜色 5. 勾缝材料种类 6. 防护材料种类	m²	5.11	81.41	416.01	
			（其他略）					
			分部小计				3418.74	3318.51
			L. 墙、柱面工程					
3	011201001001	墙面一般抹灰	1. 墙体类型 2. 底层厚度、砂浆配合比 3. 面层厚度、砂浆配比度 4. 装饰面材料种类 5. 分隔缝宽带、材料种类	m²	112.69	17.54	1976.58	
			（其他略）					
			分部小计				1976.58	
			M. 天棚工程					
4	011301001001	天棚抹灰	1. 基层类型 2. 抹灰厚度、材料种类 3. 装饰线条道数 4. 砂浆配合比	m²	38.70	14.33	554.57	
5	011302001002	天棚龙骨架	1. 吊顶形式 2. 龙骨种类、材料种类、规格、中距	m²	38.70	42.96	1662.55	
6	011302001003	天棚面层	3. 基层材料种类、规格 4. 面层材料种类	m²	44.08	23.30	1027.06	915.68
			（其他略）					
			分部小计				3244.18	3142.80

序号	项目编码	项目名称	项目特征描述	计量单位	工程量	综合单价	合价	其中：估计价
			H. 门窗工程					
7	010801004001	胶合板门	1. 类型门 2. 框截面尺寸、单扇面积 3. 骨架材料种类 4. 面层材料品种、规格、品牌、颜色 5. 玻璃品种、厚度、五金材料、品种、规格 6. 防护层材料种类 7. 油漆品种、刷漆遍数	m²	3.96	175.05	693.20	883.08
8	010806002001	金属平开窗	1. 窗类型 2. 框材质、外围尺寸 3. 扇材质、外围尺寸 4. 玻璃品种、厚度、五金材料、品种、规格 5. 防护层材料种类 6. 油漆品种、刷漆遍数	m²	5.40	224.51	1212.35	
			（其他略）					
			分部小计				1905.55	2095.43
			N. 油漆、涂料、糊裱工程					
9	011407001001	墙面乳胶漆	1. 基层类型 2. 腻子种类	m²	85.70	13.41	1234.94	1799.70
10	011407001002	天棚乳胶漆	3. 刮腻子要求 4. 涂料品种、刷漆数遍	m²	44.08	14.41	634.75	925.68
			（其他略）					
			分部小计				1869.69	2725.38
			合计				12414.74	13258.70

注：根据住房和城乡建设部、财政部发布的《建筑安装工程费用组成》（建标〔2013〕44号）的规定，"计算基础"可为"直接费""人工费"或"人工费+机械费"。

表8-59 工程量清单综合单价分析表

工程名称：总经理办公室装饰装修工程 　　　　　　　　　　　　　　　　　　　第 页 共 页

项目编码				项目名称				计量单位			
					清单综合单价组成明细						
定额编号	定额名称	定额单位	数量	单价				合价			
				人工费	材料费	机械费	管理费和利润	人工费	材料费	机械费	管理费和利润
1-40	800mm×800mm地板砖	100m²	0.39	1297.74	5608.96	46.96	805.73	506.12	2187.49	18.31	314.23
3-76	纸面石膏板	100m²	0.44	513.42	1340.94	—	475.21	225.90	590.01	—	209.09

139

项目编码			项目名称			计量单位			
人工单价				小计		732.02	2777.50	18.31	523.32
43.00 元/工日			未计价材料费						
清单项目综合单价						4051.15			
材料明细	名称、规格、型号		单位	数量	单价	合价	暂估单价	暂估合价	
	800mm×800mm 地板砖		m²	38.70	50.00	1935.00			
	纸面石膏板		m²	44.08	11.30	498.04			
	其他材料费				—	0.00	—		
	材料费小计				—	2433.10	—		

注：1. 如不使用省级或行业建设主管部门发布的计价依据，可不填定额项目、编号等。

2. 招标文件提供了暂估单价的材料，按暂估的单价填入表内"暂估单价"栏及"暂估合价"栏。

表 8-60　措施项目清单与计价表（一）

工程名称：总经理办公室装饰装修工程　　　　　　　　标段：　　　　　　　第　页　共　页

号	项目名称	计算基础	费率（%）	金额（元）
1	安全文明施工费	（综合工日＋技术措施费）×34 元/工日×费率	8.88	223.09
2	夜间施工费	（综合工日＋技术措施费）×费率	1.36	100.49
3	二次搬运费	（综合工日＋技术措施费）×费率	3.40	251.23
4	冬雨季施工	（综合工日＋技术措施费）×费率	1.29	95.32
5	大型机械设备进出场及安拆费			无
	合计			670.13

注：1. 本表适用于以"项"计价的措施项目。

2. 根据住房和城乡建设部、财政部发布的《建筑安装工程费用组成》（建标〔2013〕44 号）的规定，"计算基础"可为"直接费""人工费"或"人工费＋机械费"。

表 8-61　其他项目清单与计价汇总表

工程名称：总经理办公室装饰装修工程　　　　　　　　标段：　　　　　　　第　页　共　页

序号	项目名称	计量单位	金额（元）	金额（元）
1	暂列金额	项	2000.00	
2	暂估价		—	
2.1	材料暂估价		—	
2.2	材料暂估价	项	0.00	
3	计日工		192.52	
4	总承包服务费		0.00	
	合计		—	

注：材料暂估价单位进入清单项目综合单价，此处不汇总。

表 8-62　暂列金额明细表

工程名称：总经理办公室装饰装修工程　　　　　　　　标段：　　　　　　　第　页　共　页

序号	项目名称	计量单位	暂定金额（元）	备注
1	工程量清单变更和设计变更	项	700.00	
2	政策性调整和材料价格风险	项	1000.00	
3	其他	项	300.00	
	合计			2000.00

注：此表由招标人填写，如不能详列，也可只列暂定金额总额，投标人应将上述暂列金额计入投标总价中。

表8-63　材料暂估单价表

工程名称：总经理办公室装饰装修工程　　　　　标段：　　　　　第　页　共　页

序号	材料名称、规格、型号	计量单位	单价（元）	备注
1	800mm×800mm 地板砖	m²	77.59	
2	乳胶漆	m²	14.41	
	（其他略）			

注：1. 此表由招标人填写，并在备注栏说明暂估价的材料拟用在哪些清单项目上，投标人应将上述材料暂估单价计入工程量清单综合单价报价中。

　　2. 材料包括原材料、燃料、构配件以及按规定应计入建筑安装工程造价的设备。

表8-64　计日工表

工程名称：总经理办公室装饰装修工程　　　　　标段：　　　　　第　页　共　页

编号	项目名称	单位	暂定数量	综合单价	合价
一	人工				
1	技工	工日	5	43.00	215.00
	人工小计				
二	材料				
1					
	材料小计			—	
三	施工机械				
1					
	施工机械小计			—	
	总计				

注：此表项目名称、数量由招标人填写，编制招标控制价时，单价由招标人按有关计价规定确定；投标时，单价由投标人自主报价，计入投标总价中。

表8-65　规费、税金项目清单与计价表

工程名称：总经理办公室装饰装修工程　　　　　标段：　　　　　第　页　共　页

序号	项目名称	计算基础	费率（%）	金额（元）
1	规费	1.1+1.2+1.3+1.4+1.5		742.59
1.1	工程排污费	按工程所在地环保部门规定按实计算		按实际发生额计算
1.2	社会保障费	（1）+（2）+（3）	7.48	522.70
1.3	住房公积金	定额计算	1.70	125.61
1.4	危险作业意外伤害保险	定额计算	0.60	44.33
1.5	工程定额测定费	定额计算	0.27	19.95
2	税金	分部分项工程费+措施项目费+其他项目费+规费	3.413	488.99
	合计			1231.58

注：根据住房和城乡建设部、财政部发布的《建筑安装工程费用组成》（建标［2013］44号）的规定，"计算基础"可为"直接费""人工费"或"人工费+机械费"。

8.4.3 投标报价编制案例

投标总价

招 标 人： _____某市文化公司_____

工程名称： _____总经理办公室装饰装修工程_____

投标总价（小写）： _____13250.00 元_____
　　　　（大写）： _____壹万叁仟贰佰伍拾元整_____

投 标 人： _____某市建筑装饰公司_____
　　　　　　　　　　　　　　（单位盖章）

法定代表人
或其授权人： _____某市建筑装饰公司法定代表人_____
　　　　　　　　　　　　　　（签字或盖章）

编 制 人： _____某签字，盖造价工程师专用章_____
　　　　　　　　　　　　　（造价人员签字盖专用章）

编制时间： 　　年　月　日

总说明

工程名称：总经理办公室装饰装修工程　　　　　　　　　　第 页 共 页

七、工程基本情况说明：

建设单位为某市文化公司，工程位置在某省某市某区某路某号。

八、工程面积、内容、要求、进度：

该工程建筑面积为 46.43m²。

主要内容为文化公司总经理办公室内部装饰装修工程。

该办公室层数为单层楼，框架结构，建筑高度为 3.4m，要求优良工程，工期为 75 天。

九、材料和工艺要求说明：

因工程质量要求优良，故所有材料必须持有市以上有关部门颁发的《产品合格证书》及价格中档的建筑材料。

施工工艺必须符合国家有关装饰施工规范标准。

表 8-66　工程项目投标报价汇总表

工程名称：总经理办公室装饰装修工程　　　　　　　　标段：　　　　　　　第　页　共　页

序号	单项工程名称	金额（元）	其中		
			暂估价（元）	安全文明施工费（元）	规费（元）
1	市政管理局办公楼会议室装饰装修工程	13249.45	0.00	223.09	742.59
	合计	13249.45	0.00	223.09	742.59

注：本表适用于工程项目招标控制价或投标报价的汇总。

表 8-67　单项工程招投标报价汇总表

工程名称：总经理办公室装饰装修工程　　　　　　　　标段：　　　　　　　第　页　共　页

序号	单项工程名称	金额（元）	其中		
			暂估价（元）	安全文明施工费（元）	规费（元）
1	市政管理局办公楼会议室装饰装修工程	13249.45	0.00	223.09	742.59
	合计	13249.45	0.00	223.09	742.59

注：本表适用于单项工程招标控制价或投标报价的汇总。暂估价包括分部分项工程中的暂估价和专业工程暂估价。

表 8-68　单项工程招标控制价汇总表

工程名称：总经理办公室装饰装修工程　　　　　　　　　　　　　　　第　页　共　页

序号	汇总内容	金额（元）	其中：暂估价（元）
1	分部分项工程	12414.74	13258.70
1.1	B.1　楼地面工程	3418.74	3318.51
1.2	B.2　墙、柱面工程	1796.58	1796.58
1.3	B.3　天棚工程	3244.18	3142.80
1.4	B.4　门窗工程	1905.55	2095.43
1.5	B.5　油漆、涂料、糊裱工程	1869.69	2725.38
2	措施项目	223.09	
2.1	安全文明施工费	223.09	
3	其他项目	2192.52	
3.1	暂列金额	2000.00	
3.1	专业工程暂估价	0.00	
3.3	计日工	192.52	
3.4	总承包服务费	0.00	
4	规费	742.59	
5	税金	488.99	
	招标控制价合计＝1＋2＋3＋4＋5	16061.93	16905.89

注：本表适用于单位工程招标控制价或投标报价的汇总，如无单位工程划分，单项工程也使用本表汇总。

表8-69　分部分项工程量清单与计价表

工程名称：总经理办公室装饰装修工程　　　　　　　　　　　　第　页 共　页

序号	项目编码	项目名称	项目特征描述	计量单位	工程量	综合单价	合价	其中：估计价
			K. 楼地面工程					
1	011201001001	块料楼地面	1. 垫层材料种类、厚度 2. 找平层厚度、砂浆配合比 3. 防水层、材料种类 4. 填充材料种类、厚度 5. 结合层厚度、砂浆配合比 6. 面层材料种类、规格、品牌、颜色 7. 嵌缝材料种类 8. 防护层材料种类 9. 酸洗、打蜡要求	m²	38.70	80.00	3096.00	
2	011105003002	块料踢脚线	1. 踢脚线高度 2. 底层厚度、砂浆配合比 3. 粘贴层厚度、材料种类 4. 面层材料品种、规格、品牌、颜色 5. 勾缝材料种类 6. 防护材料种类	m²	5.11	83.00	424.13	
			（其他略）					
			分部小计				3520.13	
			L. 墙、柱面工程					
3	011201001001	墙面一般抹灰	1. 墙体类型 2. 底层厚度、砂浆配合比 3. 面层厚度、砂浆配比度 4. 装饰面材料种类 5. 分隔缝宽带、材料种类	m²	112.69	20.00	2253.80	
			（其他略）					
			分部小计				2253.80	
			M. 天棚工程					
4	011301001001	天棚抹灰	1. 基层类型 2. 抹灰厚度、材料种类 3. 装饰线条道数 4. 砂浆配合比	m²	38.70	18.00	696.60	

续表

序号	项目编码	项目名称	项目特征描述	计量单位	工程量	金额（元）		
						综合单价	合价	其中：估计价
5	011302001002	天棚龙骨架	1. 吊顶形式 2. 龙骨种类、材料种类、规格、中距	m²	38.70	40.00	1548.00	
6	011302001003	天棚面层	3. 基层材料种类、规格 4. 面层材料种类	m²	44.08	21.00	925.68	
			（其他略）					
			分部小计				3170.28	
			H. 门窗工程					
7	010801004001	胶合板门	1. 类型门 2. 框截面尺寸、单扇面积 3. 骨架材料种类 4. 面层材料品种、规格、品牌、颜色 5. 玻璃品种、厚度、五金材料、品种、规格 6. 防护层材料种类 7. 油漆品种、刷漆遍数	m²	3.96	170.00	673.20	
8	010806002001	金属平开窗	1. 窗类型 2. 框材质、外围尺寸 3. 扇材质、外围尺寸 4. 玻璃品种、厚度、五金材料、品种、规格 5. 防护层材料种类 6. 油漆品种、刷漆遍数	m²	5.40	240.001	1296.00	
			（其他略）					
			分部小计				1969.20	
			N. 油漆、涂料、糊裱工程					
9	011407001001	墙面乳胶漆	1. 基层类型 2. 腻子种类	m²	85.70	18.00	1542.60	
10	011407001002	天棚乳胶漆	3. 刮腻子要求 4. 涂料品种、刷漆数遍	m²	44.08	18.00	793.44	
			（其他略）					
			分部小计				2336.04	
			合计				13249.45	

注：根据住房和城乡建设部、财政部发布的《建筑安装工程费用组成》（建标〔2013〕44号）的规定，"计算基础"可为"直接费""人工费"或"人工费＋机械费"。

表8-70 工程量清单综合单价分析表

工程名称：总经理办公室装饰装修工程　　　　　　　　　　　　第 页 共 页

项目编码		项目名称						计量单位			

清单综合单价组成明细

定额编号	定额名称	定额单位	数量	单价				合价			
				人工费	材料费	机械费	管理费和利润	人工费	材料费	机械费	管理费和利润
1-40	800mm×800mm地板砖	100m²	0.39	1297.74	5608.96	46.96	805.73	2187.49	2187.49	18.31	314.23
3-76	纸面石膏板	100m²	0.44	513.42	1340.94	—	475.21	225.90	590.01	—	209.09
人工单价		小计						732.02	2777.50	18.31	523.32
43.00元/工日		未计价材料费									
清单项目综合单价								4051.15			

材料明细	名称、规格、型号	单位	数量	单价	合价	暂估单价	暂估合价
	800mm×800mm地板砖	m²	38.70	65.00	2515.00		
	纸面石膏板	m²	44.08	13.00	573.04		
	其他材料费			—	0.00	—	
	材料费小计			—	3088.54	—	

注：1. 如不使用省级或行业建设主管部门发布的计价依据，可不填定额项目、编号等。
　　2. 招标文件提供了暂估单价的材料，按暂估的单价填入表内"暂估单价"栏及"暂估合价"栏。

表8-71 措施项目清单与计价表（一）

工程名称：总经理办公室装饰装修工程　　　　标段：　　　第 页 共 页

序号	项目名称	计算基础	费率（%）	金额（元）
1	安全文明施工费	（综合工日＋技术措施费）×34元/工日×费率	8.88	223.09
2	夜间施工费	（综合工日＋技术措施费）×费率	1.36	100.49
3	二次搬运费	（综合工日＋技术措施费）×费率	3.40	251.23
4	冬雨季施工	（综合工日＋技术措施费）×费率	1.29	95.32
5	大型机械设备进出场及安拆费			无
合计				670.13

注：1. 本表适用于以"项"计价的措施项目。
　　2. 根据住房和城乡建设部、财政部发布的《建筑安装工程费用组成》（建标〔2013〕44号）的规定，"计算基础"可为"直接费""人工费"或"人工费＋机械费"。

表8-72　其他项目清单与计价汇总表

工程名称：总经理办公室装饰装修工程　　　　　　　　　　标段：　　　　　　第　页　共　页

序号	项目名称	计量单位	金额（元）	备注
1	暂列金额	项	2000.00	明细详见表8-73
2	暂估价		—	
2.1	材料暂估价		—	
2.2	材料暂估价	项	0.00	明细详见表8-74
3	计日工		192.52	明细详见表8-75
4	总承包服务费		0.00	
	合计			

注：材料暂估价单位进入清单项目综合单价，此处不汇总。

表8-73　暂列金额明细表

工程名称：总经理办公室装饰装修工程　　　　　　　　　　标段：　　　　　　第　页　共　页

序号	项目名称	计量单位	暂定金额（元）	备注
1	工程量清单变更和设计变更	项	700.00	
2	政策性调整和材料价格风险	项	1000.00	
3	其他	项	300.00	
4				
	合计		2000.00	

注：此表由招标人填写，如不能详列，也可只列暂定金额总额，投标人应将上述暂列金额计入投标总价中。

表8-74　材料暂估单价表

工程名称：总经理办公室装饰装修工程　　　　　　　　　　标段：　　　　　　第　页　共　页

序号	材料名称、规格、型号	计量单位	单价（元）	备注
1	800mm×800mm 地板砖	m^2	77.59	
2	乳胶漆	m^2	14.41	
	（其他略）			

注：1. 此表由招标人填写，并在备注栏说明暂估价的材料拟用在哪些清单项目上，投标人应将上述材料暂估单价计入工程量清单综合单价报价中。

　　2. 材料包括原材料、燃料、构配件以及按规定应计入建筑安装工程造价的设备。

表8-75　计日工表

工程名称：总经理办公室装饰装修工程　　　　　　　　　　标段：　　　　　　第　页　共　页

编号	项目名称	单位	暂定数量	综合单价	合价
一	人工				
1	技工	工日	5	43	215.00
	人工小计				
二	材料				
1					
	材料小计				—
三	施工机械				
1					
	施工机械小计				—
	总计				

注：此表项目名称、数量由招标人填写，编制招标控制价时，单价由招标人按有关计价规定确定；投标时，单价由投标人自主报价，计入投标总价中。

表8-76　规费、税金项目清单与计价表

工程名称：总经理办公室装饰装修工程　　　　　　　　标段：　　　　　　　　第　页　共　页

序号	项目名称	计算基础	费率（%）	金额（元）
1	规费	1.1+1.2+1.3+1.4+1.5		742.59
1.1	工程排污费	按工程所在地环保部门规定按实计算		按实际发生额计算
1.2	社会保障费	(1)+(2)+(3)	7.48	522.70
1.3	住房公积金	定额计算	1.70	125.61
1.4	危险作业意外伤害保险	定额计算	0.60	44.33
1.5	工程定额测定费		—	已取消
2	税金	分部分项工程费+措施项目费+其他项目费+规费	3.413	488.99
	合计			1231.58

注：根据住房和城乡建设部、财政部发布的《建筑安装工程费用组成》（建标〔2013〕44号）的规定，"计算基础"可为"直接费""人工费"或"人工费+机械费"。

第九章　室内设计标书的合同文本撰写

9.1　合同文本撰写规范详解

合同文本主要包括两个部分：一个是立项协议书，另一个是合同文本。

在室内装饰设计初期，当双方达成基本合作意向时，就需要签订一个协议文件，这个协议文件就是立项协议书，它能起到规范甲方与乙方在室内项目初期的双方合作。

在室内装饰设计晚期，当双方已经达成合作意向时，就进入合同文本这个部分，这个合同文本就是最终的室内装修施工合同，它将明确甲方、乙方的权利与义务，保证整个室内设计项目能够顺利地完成。

9.1.1　立项协议书撰写

室内设计立项协议书具有法律效力，实际上就是一个简单的家装委托设计合同，所以撰写立项协议时应注意以下几点：

1. 协议应以家装项目草图方案为基础。

2. 立项定金金额一定要明确，一般为 1000～3000 元，也可以将设计师的设计费来充当立项定金款。设计师的设计费为：每平方米设计费乘以项目总建筑面积得出来的。

3. 立项后设计师必须做哪些工作，什么时间完成，一定要明确。尽快完成设计方案并制作明细预算报价单，为最终客户认可签订合同打下坚实基础。

4. 草图方案中概算造价与最终预算造价之间金额相差应明确在一定范围内，不能上下浮动过大。

5. 和客户及时沟通、修改、完善，随时对客户后续提供的家装项目变动申请进行审核和修改。

6. 对缴纳的立项定金一定要有明确的解释。室内装饰业内一般的做法是在与客户签定正式合同后，立项定金并入工程款中。这样就能让客户享受免费的设计服务；但知名装饰公司或知名设计师要收取家装设计费，立项定金一般并入设计费中。但要和客户解释清楚，如果您不与设计师签定正式家装施工合同，立项定金是不可能全额返还给客户的，因为设计师付出劳动，立项定金将有一部分归为设计师所有，一部分归为装饰公司所有。

7. 最后还应要求在协议上盖装饰公司公章，由公司授权的设计师签字，一式两份协议，一份归客户，一份交公司。

9.1.2　合同文本撰写

室内设计工程合同文本具有法律效力，它将明确划分出甲、乙双方在该工程中的权力与义务，是保障工程质量与双方利益的基础，所以撰写合同文本时应注意必须要有以下这些内容：

1. 工程概况

首先，工程地点一定要填写详细。其次，工程承包可采用三种方式，即：乙方包工、包全部材料，乙方包工、部分包料，乙方包工、甲方包全部材料，采取何种方式完全由甲方决定，目前主要是以乙方包工、部分包料为主。再次，工程期限一定要明确，最后总造价金额一定要写清楚。

2. 若本工程实行工程监理

甲方与监理公司另行签订《工程监理合同》，并将监理工程师的姓名、单位、联系方式及监理工程师的职责等通知乙方。

3. 施工图纸

合同里规定的由乙方提供的施工图纸，一定要准备全面、详尽。

4. 甲方义务

合同还可规定甲方的工作，即客户的施工地要具备施工的条件。

5. 杜绝野蛮施工

严格规定乙方施工过程中的工作，避免"野蛮"装修。

6. 注明工程变更

制定详尽的工程变更表，甲乙双方合理协商增减费用。

7. 材料供应

第一，按合同约定由甲方提供的材料，甲方应在材料到施工现场前通知乙方，双方共同验收并办理交接手续；

第二，按合同约定由乙方提供的材料，乙方应在材料到施工现场前通知甲方，双方共同验收。

8. 避免做不到的条款

合同条款应避免规定在相关的工程报价下无法达到的施工质量，以及在任何条件下都无法达到的室内空气环境条款等。

9. 硬性规定工期延误的解决方法

制定因过错方造成工期延误的处罚措施，保证工程如期顺利完工。

10. 双方约定本工程施工质量验收标准及相关事项

如双方约定及时办理隐蔽工程和中间工程的检查和验收手续，而甲方不能按约定日期参加验收时，则由乙方组织人员进行验收，甲方应予承认。事后，若甲方要求复验，乙方应按要求进行复验。若复验合格，其复验及返工费用由甲方承担，工期也应予顺延。

11. 双方约定在施工过程中分几个阶段对工程质量进行验收

规范的验收时间是：第一阶段是水电走完，主要材料进场时验收；第二阶段是在木质工程、框架工程结束后进行验收；第三阶段是木饰面工程、油漆辅料及其他零星材料、防水工程结束后进行验收；第四阶段是油漆饰面及乳胶漆工程、安装工程施工结束后进行验收合格用户签字，结算完毕，进入保修。乙方应提前两天通知甲方参加验收阶段验收后，应填写工程验收单。

12. 工程款支付方式

一般分四次付款，开工前先付立项定金，第一阶段验收合格后付30%、第二阶段验收合格后付40%、第三阶段验收合格后付20%（同时办理增减项与立项定金冲抵）、第四阶段验收合格后付10%。

13. 有关安全生产和防火约定

施工图说明及施工场地应满足防火、安全施工的要求，施工中应采取必要的措施保障作业人员和相邻居民的安全。

14. 应注明违约责任

合同双方当事人中的任一方因未履行合同的约定或违反国家法律、法规及有关政策规定，受到罚款或给对方造成经济损失均由责任方承担责任，并赔偿给对方造成的经济损失。合同相关内容一定要认真填写，出了问题，全靠合同的约定赔偿损失。

15. 合同争议的解决方式

首先可以通过消协或当地室内建筑装饰委员会调解，实在解决不了的，可向当地（区或县）人民法院起诉，由法院裁决。

16. 几项具体的规定

如垃圾清理费、施工期间及工程竣工验收后钥匙的保管及更换、施工期间乙方每天的工作时间等。

17. 制定并签订附则

其中规定合同必须经双方签字（盖章）后才能生效；合同签订后工程不得转包；甲乙双方直接签订合同的，本合同一式两份，甲、乙双方各执一份。

18. 其他约定条款

双方应把涉及自身权益的方面填写得越详细越好，这样可以约束双方，避免纠纷发生，即使纠纷发生解决起来也非常容易。另外，约定的条款在双方认可的情况下还要建筑装饰委员会加盖合同认证专用章，代表建筑装饰委员会已经认可了双方签字的约定条款。

9.2 合同文本实例

合同文本实例部分详尽展示两份实例，一份是某公司家装立项协议书，一份是某公司家庭装饰合同书。

9.2.1 立项协议书实例

某公司家装立项协议书

甲方：_____

乙方：_____

甲方有位于_____处的住房，房型为_____建筑面积为_____平方米，交乙方设计并施工。现甲方已认可乙方提供的项目草图方案及初步预算，特委托乙方出具全套施工方案，并将家装工程在乙方处立项。

乙方按_____元/m² 收取甲方工程立项定金合计_____元。大写：_____元。

另乙方按_____元/m² 收取甲方设计费总计_____元。（大写：_____元）。

1. 乙方收取立项定金及设计费定金后：

1）五个工作日内完成整套项目设计方案，通知甲方对方案进行讨论和洽谈。

2）在基本项目变化不大的情况下，预算造价与概算造价相差不超过 ±5%。

3）项目设计方案包括详细的施工图纸、工程预算和相关资料，所有资料具备签订施工合同条件。

2. 甲方支付立项定金及设计费后：

1）审核乙方提供的项目设计方案，签署甲方审核意见。

2）项目设计方案以外的工程项目由甲方自行解决，乙方有义务提供合理化建议，供甲方参考。

3. 说明：

1）甲方同意项目设计方案，并与公司签订施工合同，乙方应在甲方交纳第三期工程款对将立项定金退还甲方。

2）甲方所付设计费为施工合同金额以外部分，不做充抵和扣除。

3）若甲方同意项目设计方案，但不与公司签订施工合同，要求购买乙方的项目设计方案，则付清设计费余款，立项定金同时并入设计费余款多退少补。

4）若甲方放弃与乙方继续合作，不购买乙方的项目设计方案，乙方按设计费的50%收取违约金，甲方不得带走项目设计方案、图纸和预算。

5）乙方收取的设计费中含效果图制作费一张。如甲方需增加效果图，需按_____元/张另外支付费用。

4. 本委托书一式两份，甲乙双方各执一份。

附：甲方现详细住址：_____ 乙方公司地址：_____

甲方详细联系方式：_____ 乙方联系方式：_____

甲方签名： 乙方签名（盖章）：

　年　　月　　日 　年　　月　　日

9.2.2　合同文本实例

某 室 内 装 饰 设 计 工 程 有 限 公 司

家 庭 室 内 装 饰 合 同 书

工　程　承　包　合　同

甲方：＿＿＿＿＿＿＿＿＿＿＿　　　　身份证号码：＿＿＿＿＿＿＿＿＿＿＿

单位：＿＿＿＿＿＿＿＿＿＿＿　　　　现住地址：＿＿＿＿＿＿＿＿＿＿＿

宅电：＿＿＿＿＿＿＿＿＿＿＿　　　　移动电话：＿＿＿＿＿＿＿＿＿＿＿

乙方：＿＿＿＿＿＿＿＿＿＿＿　　　　营业执照号：＿＿＿＿＿＿＿＿＿＿＿

办公地址：＿＿＿＿＿＿＿＿＿＿　　　法定代表人或负责人：＿＿＿＿＿＿＿＿

财务结算电话：＿＿＿＿＿＿＿　　　　投诉电话：＿＿＿＿＿＿＿＿＿＿＿

依照《中华人民共和国合同法》、建设部发布的《住宅室内装饰装修施工验收规范》及其他有关法律、法规的规定，结合本市装饰装修的特点，甲、乙双方在平等、自愿、协商一致的基础上，就乙方承包甲方装饰工程（以下简称工程）的有关事宜，达成如下协议：

第一条　工程概况

1. 工程地点：＿＿＿＿＿＿市＿＿＿＿＿＿区＿＿＿＿＿小区＿＿＿＿＿栋＿＿＿＿＿单元＿＿＿＿＿＿号。

2. 工程承包方式及承包范围：详见《工程施工图》及《工程预算表》。

3. 施工准备期＿＿＿＿＿＿年＿＿＿＿＿＿月＿＿＿＿＿＿日至＿＿＿＿＿年＿＿＿＿月＿＿＿＿＿＿日（7天）

4. 开工日期：＿＿＿＿＿年＿＿＿＿＿月＿＿＿＿＿日

5. 竣工日期：自开工之日起，＿＿＿＿＿＿个有效工作日内竣工（国家法定长假，及甲方所在小区物业规定的不能施工时间除外。）

6. 工程预算总额：人民币＿＿＿＿＿＿＿＿＿＿＿＿＿＿＿＿＿＿＿＿＿＿＿元整。（小写：￥＿＿＿＿＿＿＿＿＿＿＿元）。

第二条　工程进度及付款方式对照表

1. 八步验收对照表

工程分段	控制内容	预计验收时间	备注
第一步	砌体工程及水电材料验收	开工第＿＿＿＿天	
第二步	水电工程施工质量验收		
第三步	木制工程材料验收	开工第＿＿＿＿天	
第四步	柜体框架结构工程施工质量、泥工材料及泥工进场		
第五步	木饰面工程施工质量验收	开工第＿＿＿＿天	
第六步	油漆辅料及其他零星材料验收，防水工程验收		
第七步	油漆饰面及乳胶漆工程质量验收	开工第＿＿＿＿天	
第八步	安装工程施工质量验收		

2. 四步收款对照表

付款次数	工程进度	占比例	付款比例	付款金额
第一次	砌体工程及水电材料验收	20%	30%	＿＿＿＿＿元
	水电工程施工质量验收	10%		
第二次	木制工程材料验收	20%	40%	＿＿＿＿＿元
	柜体框架结构工程施工质量验收	20%		

付款次数	工程进度	占比例	付款比例	付款金额
第三次	木饰面工程施工质量验收	10%	20%	_____元
	油漆辅料及其他零星材料验收，防水验收	10%		（同时办理增减项费用）
第四次	油漆饰面及乳胶漆工程质量验收	5%	10%	_____元
	安装工程施工质量验收	5%		
合计		100%		_____元

第三条　合同工期及付款方式的保障

1. 本合同签署后，乙方应严格按以上约定组织施工，不得无故障延误工期。否则每延期一天（除甲方要求变更设计方案及停电、停水或其他不可抗力因素导致停工外），甲方有权按工程总造价0.1%的费用，向乙方收取滞纳金，直至乙方正常施工为止。

2. 本合同签署后，甲方应严格按约定时间及时支付工程款，不得无故延误缴款时间。否则乙方有权延期施工或停工，且每延期一天，乙方有权按工程总造价0.1%的费用，向甲方收取滞纳金，直至甲方正常付清为止。

3. 本合同签署后，甲方应严格按约定时间及时采购甲供材料，不得无故延误供料时间。否则乙方有权延期施工或停工，且每延期一天，乙方有权按工程总造价0.1%的费用，向甲方收取滞纳金，直至甲方向乙方提供材料为止。

4. 特别注意：为保证甲、乙双方利益，各期工程款由甲方交到乙方，或直接汇款至乙方指定银行账号上，甲方需持有乙方财务章的收据作为有效交款凭证。如甲方将任何款项交给乙方财务部门以外的人员，造成款项差错、遗失等，均由甲方自行承担责任。

5. 乙方指定银行账号（户主姓名为：_____）

①甲某银行账号：_____

②乙某银行账号：_____

③丙某银行账号：_____

④丁某银行账号：_____

第四条　工程项目变更的约定

本合同签署后，双方应严格遵守本合同中各项条款。如果确需发生工程项目及设计方案的变更，应经双方协商一致，共同签订《工程项目变更单》后，乙方按双方已签署的《工程项目变更单》组织施工。且无论是工程量变增或是变减，双方均应遵守下列约定：

1. 工程项目删减：

1）施工之前删减的工程量：签订施工合同后，甲方原则上不能随意删减工程项目。如特殊原因必须减的工程项目，甲乙双方须签署《工程项目变更单》，但删减项目累计造价不得超过合同总造价的5%，否则甲方须按删减项目工程造价的10%向乙方交纳工程违约金。

2）在施工过程中删减的工程量：

（1）如乙方已采购材料，但尚未下料施工的工程项目，甲方须按删减部分造价的20%向乙方支付材料采保费及运输费；

（2）如乙方已施工但未完成的工程项目，甲方须按该项目造价的60%向乙方支付材料费、人工费、材保费及运输费；

（3）如乙方已施工完成的工程项目，甲方须按该项目造价的100%向乙方支付各项费用。

2. 工程项目增加：工程施工过程中，如甲方要求增加施工项目，甲乙双方须签署《工程项目变更单》，乙方按双方已签署的《工程项目变更单》组织施工，并按新增加的工程量顺延工期。

3. 若甲方中途要求变更设计，影响到乙方已购回的材料、已定制的半成品、成品工程，造成的损失由甲方承担。

4.《工程项目变更单》所发生的工程量变更（变增、变减）金额，甲方应连同第三期工程款一并与乙方结算。

第五条　工程质量验收的约定

1. 施工过程中，双方应严格按双方确认的施工图纸、施工说明、设计变更等内容为依据，以《住宅装饰装修工程施工规范》（GB 50327—2001）为质量评定标准。对每一个分段施工进行验收。验收合格后，才能进行下一步骤的施工。

2. 施工过程中，乙方须按照本合同及其附件《工程预算表》《乙方提供主要材料明细表》所列明的材料进行采购并组织施工；甲方有责任对装饰材料的颜色、花式进行确定，有权力对乙方所采购材料质量按《乙方提供主要材料明细表》所列明标准进行验收。

3. 施工过程中，如甲方发现乙方未按《工程预算表》《乙方提供主要材料明细表》的规定使用材料，甲方有权要求乙方拆除重做，所浪费的材料费、人工费由乙方全额承担。

4. 在分段工程完毕之前，乙方应提前3天通知甲方进行分段工程验收，甲方在接到乙方验收通知后3天之内，按双方约定的时间、地点进行验收。否则，乙方有权视为甲方已验收合格，并直接进行下一段工序的施工。

5. 在验收过程中甲、乙双方确认的质量问题，由乙方负责返修，由相应的责任方承担相关费用和工期延误费。

6. 工程全部施工完毕（由甲方负责铺贴的木质地板或安装的橱柜及其他零星工程等，与乙方工程施工验收无关），乙方应提前3天通知甲方进行整体验收，甲方须在接到验收通知后3天之内，按双方约定的时间、地点进行验收。否则，乙方有权视为甲方已验收合格。在甲乙双方未办理工程验收交付使用手续之前，甲方使用房屋视为验收合格，由此引起的一切责任均由甲方承担。

第六条　工程结算的约定

1. 甲方应严格地按照双方约定的付款方式和付款时间及时向乙方支付工程进度款。以确保工程施工的顺利进行。若甲方对每一个分段施工进行验收合格后延期交款的，乙方有权延期施工或停工，同时，每延误一天，乙方有权按工程总造价0.1%的费用，向甲方收取滞纳金，直至甲方付清为止。

2. 立项定金的返还：乙方应在甲方交纳第三期工程款时，将立项定金以冲抵工程款的形式返还给甲方。

3. 工程变更的结算：乙方凭甲、乙双方签字认可的《工程项目变更确认单》，在甲方交纳第三期工程款时，将因增、减项而产生的费用连同甲方应交纳的第三期工程款一并结算。

4. 办理工程竣工结算时，乙方应向甲方提交下列结算文件资料：

1）工程竣工验收单、工程结算单；

2）设计（施工）变更单、隐蔽工程验收单；

3）其他工程价款结算附件。

5. 工程尾款的交纳：甲方应在工程竣工验收合格当日付清工程尾款。

6. 甲方按时间支付完结算款后，乙方开具工程质量保修单，负责对所施工项目进行保修。

第七条　服务的约定

1. 合同签订后，甲乙双方应认真遵守合同约定的各项细则，为切实保护双方的利益，本公司郑重提示："承诺"仅指书面承诺，任何口头承诺均视为无效。

2. 无论在施工过程中还是在工程竣工后，乙方客户服务部均有责任、有义务对该项目进行全程跟踪服务及管理。

3. 施工过程中，乙方所属工程管理人员（或设计师）有协同甲方进行材料导购、材质鉴别的义务。

4. 工程竣工结算完毕，甲方凭乙方开具保修单作为保修凭据。

5. 保修服务时间：自工程竣工起二年内有效（其中：水电工程五年）

6. 保修内容及保修范围：

1）因乙方所用材料质量、施工工艺不当引起的质量问题，乙方实行免费保修。

2）因甲方使用不当或甲方提供的材料质量不合格而引起的问题，乙方实行有偿服务。

3）超过保修期的项目，乙方实行有偿服务。

第八条　违约责任

1. 依照＿＿＿＿＿＿＿＿省＿＿＿＿＿＿＿市装饰行业惯例，乙方原则上会于每年的三月份、七月份、十一月份三个阶段，结合市场材料价格和人工工资的上下浮动情况，对报价系统分别进行三次必要的调整。因此，在本合同签订之后，该项目工程正式开工之前，如遇乙方调价，设计师应在一周内通知甲方，甲方须在接到通知后一周内正式履行本合同。否则，甲方须按乙方新报价系统与乙方进行商议并重新签定补充协议，作为本合同之附件。合同附件与本合同具有同等的法律效率。

2. 合同签署之后，如甲乙双方中任何一方单方面终止该合同，须按合同预算总额的20％作为合同违约金，向双方予以赔偿。同时已发生的工程费用，甲乙双方应据实结算。

3. 本合同签署后，甲方如果在合同约定时间内另行安排第三方进行施工，须负责协调好乙方与第三方之间交叉作业的相关事宜，才能安排施工。否则，一切因此而产生的纠纷由甲方负全部责任。

4. 本合同所对应的工程设计方案及合同总价中，不含施工期间因施工耗用的水电费；以及物业各种名目的管理费、装修押金等。无论物业公司以什么样的理由，提出什么样的要求，以上费用敬请甲方自行承担。本公司与物业公司不发生任何经济关系。

5. 甲方未办理有关手续，擅自决定拆改房屋结构或煤气表、管、采暖、给排水主要管线，造成的损失和责任由甲方承担。

6. 在施工过程中，甲方未与乙方办理正规变更手续而私自要求工人更改施工内容，所引起的质量问题及造成的经济损失由甲方承担责任。

7. 乙方未经甲方或有关部门批准，未办理有关手续，擅自拆改房屋结构或煤气表、管、采暖、给排水主要管线，造成的损失和责任由乙方承担。

8. 若因乙方违反安全操作规程及双方其他约定而造成的损失，由乙方承担责任。

9. 在施工期间，因乙方施工操作不当引起的一切责任，由乙方承担。

10. 在施工期间，因乙方施工操作不当而导致物业的各项处罚，由乙方自行承担。

11. 在施工期间，由甲方配送至工地的材料，乙方须认真清点、妥善保管。如因乙方保管不善造成的损失，由乙方自行承担。

12. 施工完毕，乙方须对施工现场进行认真清理，确保工地的干净、整洁。

第九条　合同仲裁

1. 本合同在履行期间，双方发生争执可采取协商解决或向＿＿＿＿＿＿＿＿省＿＿＿＿＿＿＿市建筑装饰协会家装委员会申请调解。

2. 当事人不愿通过协商、调解、或经协商、调解后未能达成共识时，可向＿＿＿＿＿＿＿省＿＿＿＿＿＿＿市冲裁委员会申请仲裁或向人民法院提起诉讼。

第十条　附则

1. 本合同一式二份，双方各执一份，经双方签字（盖章）后生效。

2. 本合同未尽事宜，双方协商解决。

甲方代表（签盖）：＿＿＿＿＿＿＿＿　　　　乙方代表（签盖）：＿＿＿＿＿＿＿＿

　　　　年　　月　　日　　　　　　　　　　　年　　月　　日

附件一：工程预算表

（可参见本书8.4节室内装饰工程预算编制实例）

附件二：乙方提供主要材料明细表

金额单位：元

材料名称	单位	品种	规格	数量	单价	金额	供应时间	供应至的地点

甲方代表（签盖）：　　　　　　　　　　　　　乙方代表（签盖）：

附件三：工程项目变更确认单

序号	变更内容	原预算价格	现预算价格	增减金额（＋－）	甲方签字
1					
2					
3					
4					
5					
6					
7					
8					
9					
10					
小计	增项合计	减项合计		实付金额	
金额					
（元）	（元）	（元）	（元）	（元）	（元）

有关分项详细说明：

甲方代表（签盖）：　　　　　　　　　　　　　乙方代表（签盖）：

注：1. 若变更内容过多请另附说明。

2. 增加项目金额，减少项目金额后应将实付金额在变更单认可时将金额一次付清。

附件四：工程保修单

公司名称：_____ 联系电话：_____

业主姓名：_____ 联系电话：_____

装修房屋地址：_____

设计负责人：_____ 施工负责人：_____

进场施工日期_____年_____月_____日竣工验收日期_____年_____月_____日

保修期限_____年_____月_____日至_____年_____月_____日

甲方代表（签盖）：_____ 乙方代表（签盖）：_____

联系电话：_____ 联系电话：_____

_____年_____月_____日

保修内容及保修范围：

1. 乙方以包工包料形式进行的施工项目，因乙方所用材料质量、施工工艺不当引起的质量问题，乙方实行免费维修。

2. 乙方以包工不包料形式进行施工的项目，因乙方施工工艺不当引起的质量问题，乙方实行免费维修。

3. 乙方以包工包料形式进行的施工项目，因甲方使用维护不当引起的质量问题；或乙方以包工不包料形式进行的施工项目，因材料引起的质量问题。乙方实行有偿维修。

4. 乙方施工项目超过保修期的，对甲方实行有偿维修。

5. 保修时间：2年，水电部分：5年。

参考文献

［1］中华人民共和国国家标准 . GB 50500—2013 建设工程工程量清单计价规范［S］. 2013.

［2］王勇 . 室内装饰材料与应用［M］. 北京：中国电力出版社，2012.

［3］哈罗德·刘易斯 . 投标与标书［M］. 刘菁译 . 北京：人民邮电出版社，2005.

［4］吴承钧 . 室内装饰工程预算技法［M］. 郑州：河南科学技术出版社，2011.

［5］刘波 . 园林景观设计与标书制作［M］. 武汉：武汉理工大学出版社，2007.

［6］刘波 . 园林景观设计标书制作［M］. 武汉：武汉理工大学出版社，2012.

室内设计标书案例赏析

本章主要为室内设计标书的实例赏析，以设计方案为主，不含工程预算、合同文本。希望以此为借鉴，提高读者的室内设计水平，有助于大家今后也能够做出一份优秀的室内设计标书。

1. 金地中心城四居室设计标书（图1~图29）

设计者：刘波

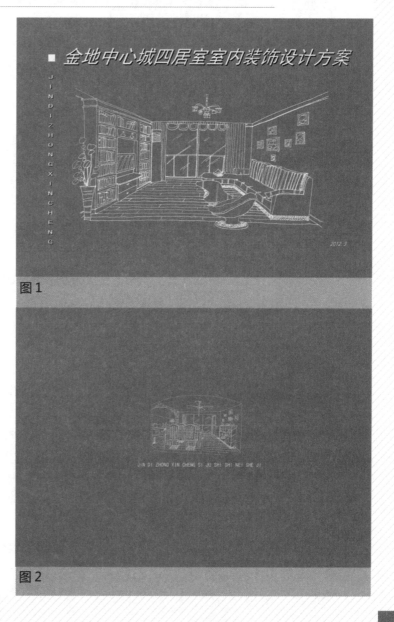

图1

图2

室内设计标书案例赏析

目　录

金地中心城四居室室内设计方案

图3

说　明

该设计方案为四室两厅两卫一厨双阳台室内设计方案。该方案的使用客户为三口之家（父母与儿子），偶尔爷爷奶奶等前来来居住。

所以设计的主题以实用性为主，设计风格主要为田园风格与地中海风格相结合，各个空间都有明确的设计主题。

其中客厅以书柜作为电视机背景墙，厨房为半开放式，餐厅与厨房紧密相连，两个阳台着重实用性（南阳台放置洗衣区、储藏柜；北阳台放置冰箱、鞋柜），儿童房突出男孩的学习性、休息性的主题，开放式的书房里将大书柜与长条书桌相结合，两个卧室以休息功能为主，两个卫生间中客卫进行了干湿分区，主卫着重营造主人的私密性与优雅的卫生环境。

金地中心城四居室室内设计方案

图4

彩色平面布置图

金地中心城四居室室内设计方案

图5

客厅手绘效果图

金地中心城四居室室内设计方案

图6

餐厅手绘效果图

金地中心城四居室室内设计方案

图7

厨房手绘效果图

金地中心城四居室室内设计方案

图8

南阳台手绘效果图

金地中心城四居室室内设计方案

图 9

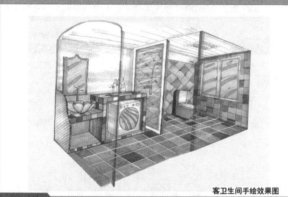

客卫生间手绘效果图

金地中心城四居室室内设计方案

图 11

书房手绘效果图

金地中心城四居室室内设计方案

图 13

北阳台手绘效果图

金地中心城四居室室内设计方案

图 10

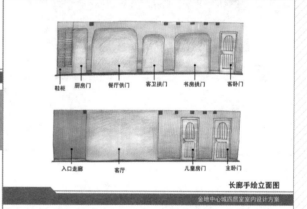

鞋柜　厨房门　餐厅供门　客卫拱门　书房拱门　客卧门

入口走廊　　客厅　　儿童房门　主卧门

长廊手绘立面图

金地中心城四居室室内设计方案

图 12

儿童房手绘效果图

金地中心城四居室室内设计方案

图 14

客卧手绘效果图

金地中心城四居室室内设计方案

图15

主卧手绘效果图

金地中心城四居室室内设计方案

图16

主卫生间手绘效果图

金地中心城四居室室内设计方案

图17

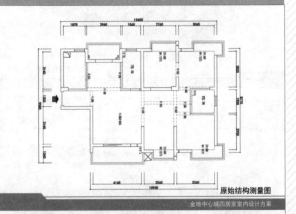

原始结构测量图

金地中心城四居室室内设计方案

图18

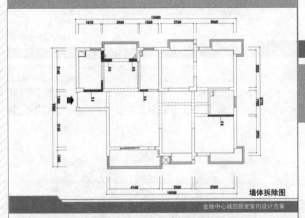

墙体拆除图

金地中心城四居室室内设计方案

图19

新切墙体图

金地中心城四居室室内设计方案

图20

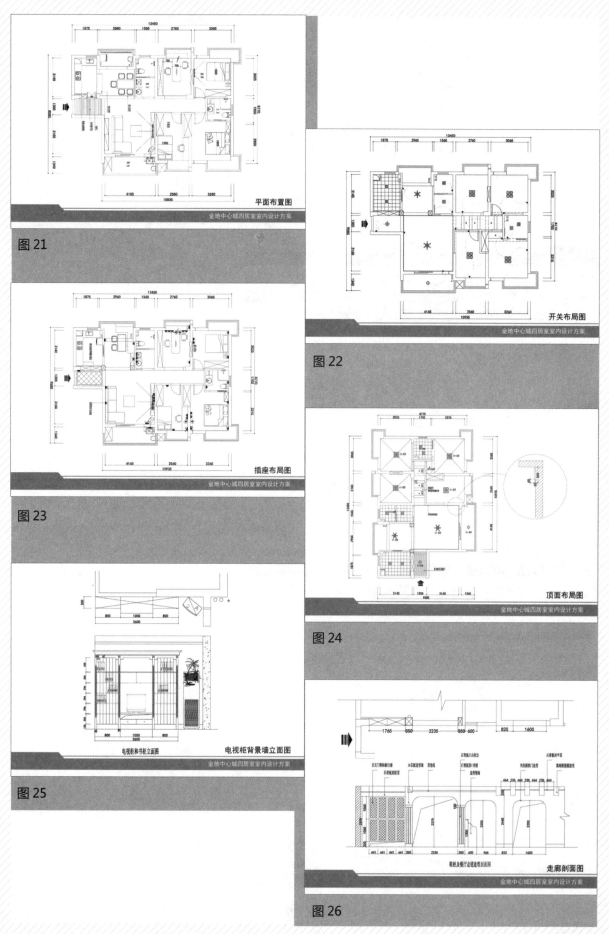

图 21

平面布置图

金地中心城四居室室内设计方案

图 22

开关布局图

金地中心城四居室室内设计方案

图 23

插座布局图

金地中心城四居室室内设计方案

图 24

顶面布局图

金地中心城四居室室内设计方案

图 25

电视柜和书柜立面图

电视柜背景墙立面图

金地中心城四居室室内设计方案

图 26

鞋柜及餐厅定制造型剖面图

走廊剖面图

金地中心城四居室室内设计方案

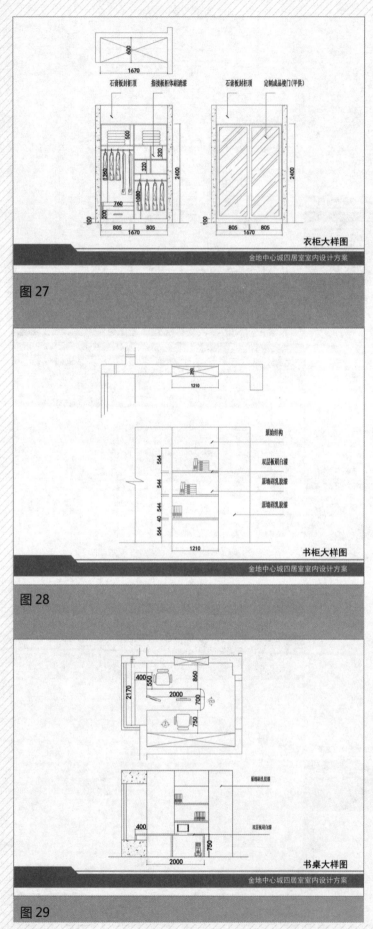

图 27

图 28

图 29

2. 食工厂餐饮空间室内设计标书赏析

（图 30 ~ 图 65 ）

设计者：郑春山　　指导教师：刘波

图 30

图 31

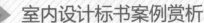

图 32

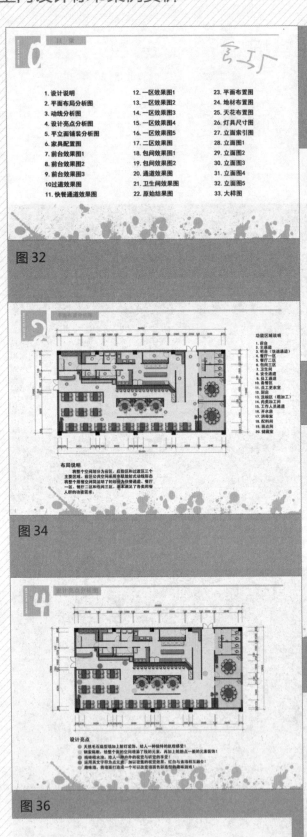

图 34

图 36

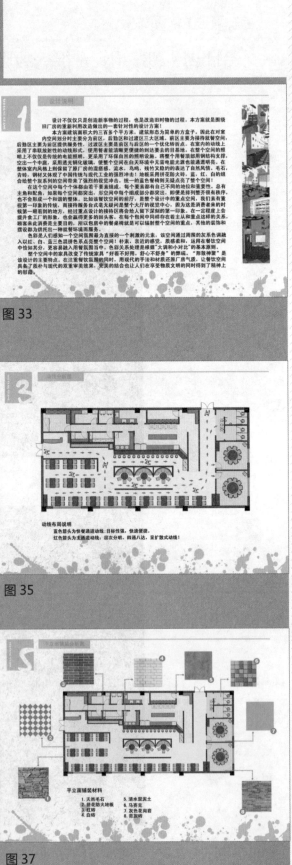

图 33

图 35

图 37

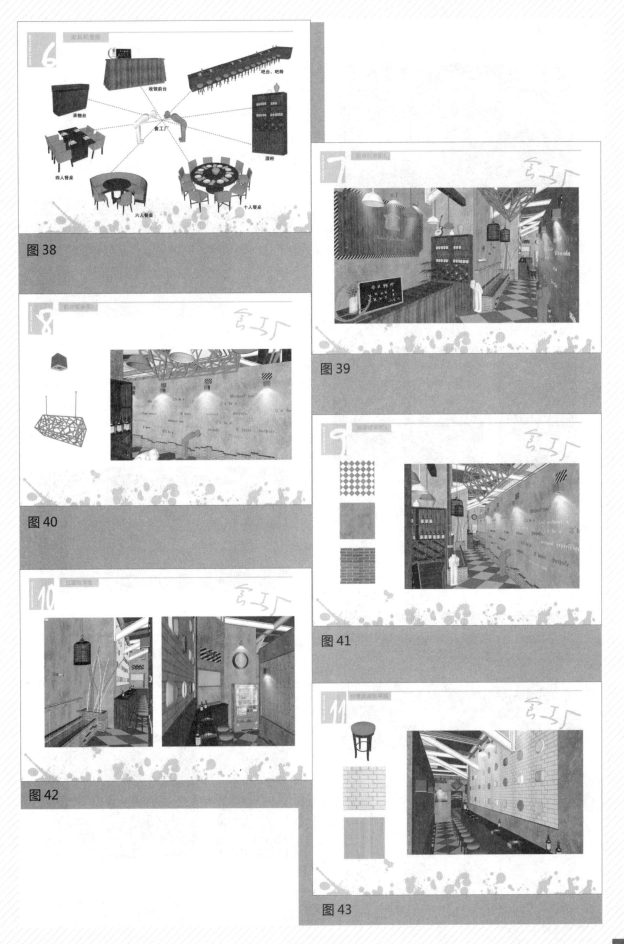

图 38

图 39

图 40

图 41

图 42

图 43

图44

图45

图46

图47

图48

图49

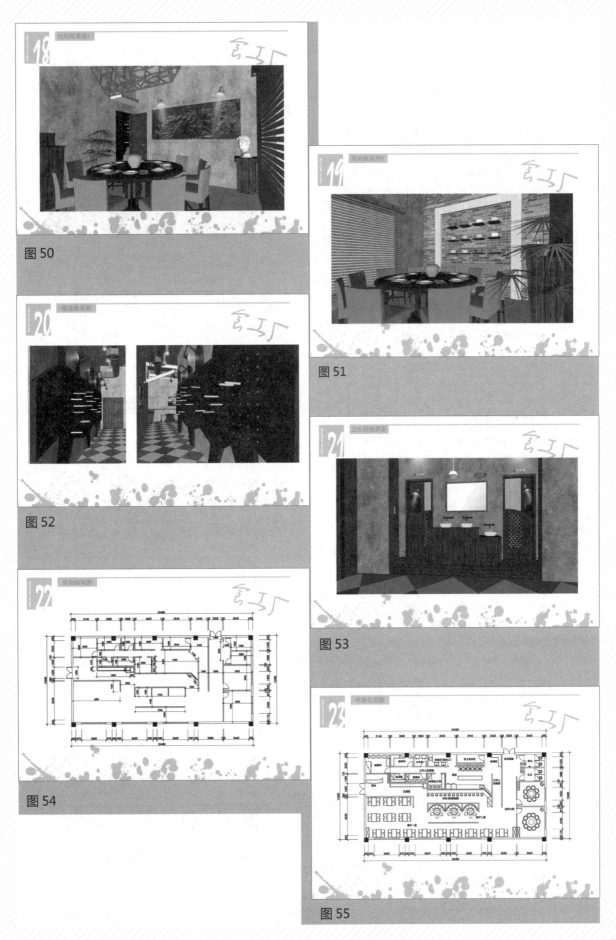

图 50

图 51

图 52

图 53

图 54

图 55

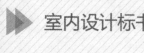

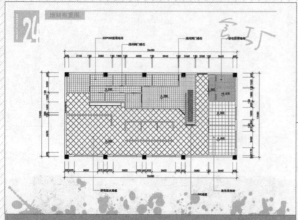

图 56

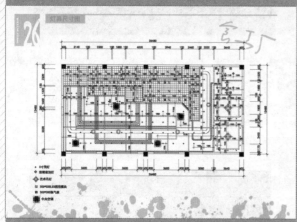

图 58

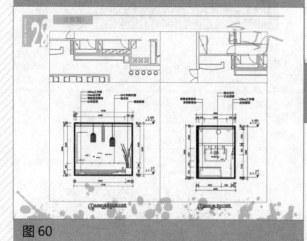

图 60

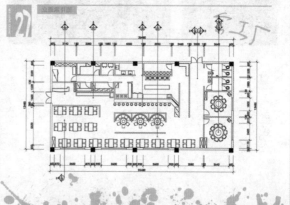

图 57

图 59

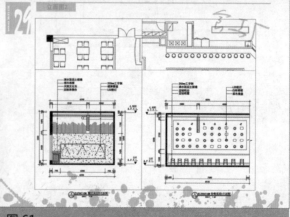

图 61

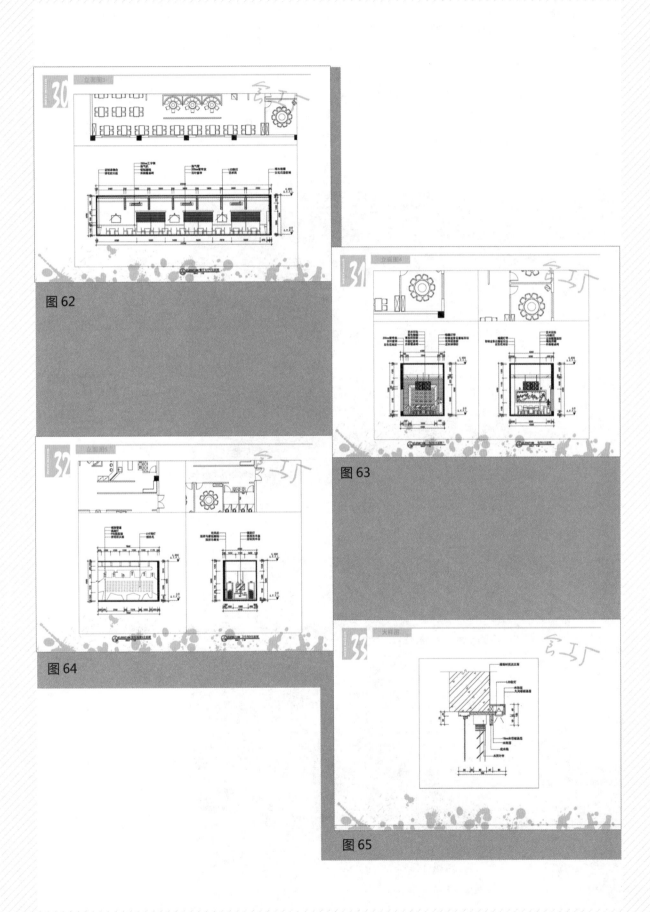

图 62

图 63

图 64

图 65

3. 华润中央公园两居室室内设计标书

（图 66 ~ 图 79）

设计者：王太志　　指导教师：刘波

图 66

图 67

目　录

设 计 说 明

　　本方案为华润中央公园120平米大两居室室内设计方案。业主为刚结婚不久年轻夫妇。

　　设计的主要梁点为：保持了空间的开敞及通风性，合理有效的利用了面积使空间阔大，简洁明快的划分使整个空间更加的方便、舒适。设计的主要风格为欧式古典。

　　主要建材为：抛光砖、饰面板、软包、多层实木地板、实木线条、艺术墙纸、实木地板等。

　　户型结构为：平层结构。主要施工工艺为：清混工艺施工。工期为：70天。

图 68

客卧效果图

图 69

主卧效果图

图 70

图 71

客厅效果图

餐厅效果图

图 72

图 73

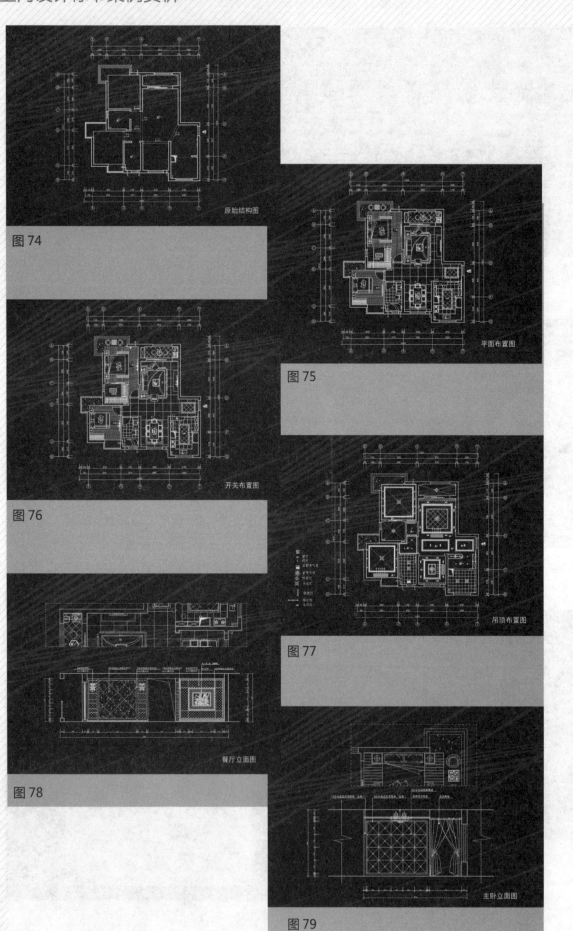

图 74

原始结构图

图 75

平面布置图

图 76

开关布置图

图 77

吊顶布置图

图 78

餐厅立面图

图 79

主卧立面图